# 地震数值预测
## 总体设计导论

姚　琪　张盛峰　王子韬　董培育　曹建玲　王　辉　王力维　刘　岩　编著

地震出版社

**图书在版编目（CIP）数据**

地震数值预测总体设计导论/姚琪等编著. —北京：地震出版社，2023. 2

ISBN 978-7-5028-5540-6

Ⅰ. ①地⋯ Ⅱ. ①姚⋯ Ⅲ. ①地震勘探—数值模拟—总体设计 Ⅳ. ①P631. 4

中国国家版本馆 CIP 数据核字（2023）第 022882 号

**地震版 XM5360/P（6365）**

## 地震数值预测总体设计导论

姚 琪 张盛峰 王子韬 董培育 曹建玲 王 辉 王力维 刘 岩 编著

责任编辑：王 伟

责任校对：凌 樱

出版发行：地 震 出 版 社

北京市海淀区民族大学南路 9 号　邮编：100081

销售中心：68423031 68467991　传真：68467991

总 编 办：68462709 68423029

编辑二部（原专业部）：68721991

http://seismologicalpress. com

E-mail：68721991@ sina. com

经销：全国各地新华书店

印刷：河北文盛印刷有限公司

版（印）次：2023 年 2 月第一版 2023 年 2 月第一次印刷

开本：787×1092 1/16

字数：224 千字

印张：8. 75

书号：ISBN 978-7-5028-5540-6

定价：80. 00 元

# 序　一

国际上关于地震预报的讨论可以追溯到 1909 年，G. K. Gilbert 在《Science》上发文称，基于对地震发生最基本的认识，即地震是剪切应变条件下岩石的突然断裂或滑动引起的，我们能够对地震进行预测。此后，科学家一直致力于寻求科学地进行地震预测的方法。囿于人们对地震的认识有限，地震预测相关的工作研究很长时间都停留在经验性、不确定性、不稳定性的思维和方法中，既与地震的孕震背景相关性小，也缺乏物理依据。

近年来，数字孪生、大数据与人工智能驱动、大规模数值模拟等新概念、新技术、新模型层出不穷，越来越多的行业开始了数值预测的探索和应用。大量的实例都证明了数值预测的可行性，有效性和稳定性。因此，地震数值预测逐渐成为近些年来进展最大，最有可能获得成效的预测方法之一。

美国的南加州地震中心（Southern California Earthquake Center，SCEC）自 1988 年以来，针对美国加州地区，构建了统一的加州地震破裂预测系统（Uniform California Earthquake Rupture Forecast，UCERF），并发布该地区地震发生的概率，以及可能会产生的相关灾害。2009 年意大利拉奎拉 6.3 级地震后，欧洲大力发展可操作的地震预测（Operational Earthquake Forecast，OEF），提供不断更新的概率预报，并发展基于应力触发的地震预测、基于地震概率模型的预测，以及两者的结合等。

中国科学家也一直在寻求对地震进行科学的、具有物理意义的、可重复可再现的预报方法。1956 年，傅承义率先在“科技长远规划”中提出开展地震预报研究工作的规划、科学途径和实施方法，和中国地震活动性及其灾害防御研究。1963 年，傅承义先生在《科学通报》上发表《有关地震预报的几个问题》，这是我国在科学刊物上提出地震预报的第一篇文章。王仁院士在 1980 年将数值计算方法应用到华北地区强震的时空演化研究中。地震数值预报的思想在我国最早由刘启元和吴建春在 2005 年的论文《论地震数值预报——关于我国地震预报研究发展战略的思考》中提出。而后，石耀霖院士等提出了地震数值预测路线的初步设想。张培震院士、陈颙院士、张国民研究员等都先后提出了地震数值预测的设想和展望。

数值地震预报，即在充分继承经验预报的基础上，引入物理约束，采用数据与模型双驱动可计算性建模，对复杂断层系统内发生的地震进行时空与震级的定量性概率估计的地震预测与预报方法。数值地震预报是地震预报理论、方法、技术、专家智库的集大成者，是地震预报这一领域难题应对大数据、人工智能和高性能数值模拟飞速发展的必由之路。

数值地震预报基于地震孕育和发生的物理规律，利用现代多种技术手段观测和大规模数字化记录积累的海量数据，充分发挥现代高性能计算技术能力，集成模型驱动和数据驱动的大规模数值计算，实现对大地震长中短临渐进式的实用化预报。

对地震孕育发生物理机制的认识是地震数值预报的基础。物理预报不能停留在定性的一般性讨论，必须能够定量化地体现于数值预报之中。地震数值预报依赖于创新的技术方法，依据累积的海量科学数据，挖掘认识地震孕育发生的规律及其物理机制。

从可操作实现上，地震数值预报的研究既要重视基础研究、规划长远发展，也要急地震工作之所急，只争朝夕，开展渐进式长中短临预报实用化探索。地震数值预报的研究将对地震科研起先导作用，带动地震科学和地震预报研究的发展。地震数值预报研究，对地震孕育发生的物理过程研究有更直接和迫切的要求，对了解岩石圈的结构、状态和物理力学性质以及岩石圈动力学相关的各种动态观测有更具体的需求，反之也使这些基础性研究和资料能更直接地发挥实际作用，而不是基础研究与实际经验预报两层皮。

《地震数值预测总体设计导论》一书从总体设计的角度，阐述了地震数值预测的概念、发展历程、典型案例、基本问题和应用场景，并介绍了针对地震预测业务的一些相关数值预测尝试，讨论了中国地震科学实验场关于地震数值预测系统的总体设计，是这一领域的一项有重要意义的工作。

地震数值预报研究必将引起巨大的新思考和新变化，对地震科研和地震工作发挥促进和先导引领作用。地震数值预测研究自身短期内虽然不会成为主要地震预测手段，但它促进的高性能计算和大数据分析，会促进从简单的经验预报向统计经验预报转化，并逐步增加预报中对物理机制的考虑，有助于把我国目前的经验预报提高到新水平。

中国科学院计算地球动力学重点实验室　张怀

# 序　二

用了三天时间一口气详细读完了《地震数值预测总体设计导论》，思绪久久不能平静，为能够在地震预测科技发展的关键时期出版这一具有重要意义的书籍感到欣慰和激动，也为年轻的地震预测研究专家能够编写出这本书感到自豪。

全书中阐述了地震数值预测的概念、内容、原则和国内外进展情况，对地震数值预测的典型案例、基本问题和应用场景进行了论述，介绍了近期国内相关数值预测的进展情况，讨论了中国地震科学实验场关于地震数值预测系统的总体设计，是这一领域的最具基础性的工作成果。

通过长期的地震科学探索实现地震预报，是人类的梦想，也是当今世界科学难题。人类以往对地震孕育发生机理的研究，主要是经验性的研究方法（利用以往的震例进行现象的总结、归纳和推理），其间也有极少部分地震在有利的条件下实现过成功的预测，但是这些成功的预测主要是经验性的。

随着全球与地震相关的观测技术的发展，尤其是地震、GNSS、重力等学科高密度、高精度观测的实现，观测数据得到了极大的丰富。地下断层和介质结构分辨率大幅度提高，不仅可以获得高分辨的静态结构，随时间变化的动态结构也具备相当的可信度。同时，慢地震、地震成核、Tremor 等一些新现象的发现，为地震数值预测初期的开展奠定了基础。

美国的南加州地震中心（SCEC）构建了统一的加州地震破裂预测系统，并发布了该地区地震发生的概率和灾害预测结果。2009 年意大利拉奎拉 6.3 级地震后，可操作的地震预测引起了国际上足够的重视，开始提供不断更新的概率预报，并发展了基于应力触发的地震预测、基于地震概率模型的预测结果等。

我国已经在中国地震科学实验场的川滇实验区建立了相关的 1.0 版的数值预测公共模型，包括断层模型、速度结构模型、形变模型、流变模型等，初步建立了 30 年尺度强地面运动概率预测模型。在发布的《中国地震科学实验场科学设计》中将发展地震数值预测作为重要的研究方向。

地震数值预报研究必将开辟地震预测的新领域，引起地震预测科学的新变化。地震数值预测短期内虽然不会成为主要地震预报手段，但它会促进从经验预报向物理预报转变，有助于把我国目前的经验预报提高到新的水平，实现地震数值预测从无到有的转变。

近年来由于大数据与人工智能技术的推动，数值预测的探索和应用开始加速发展，初步显现出地震数值预测的可行性。中国地震科学实验场基础设施建设项目已经开始考虑建立地震数值预测技术的软件系统。因此，地震数值预测将逐渐成为地震预测方法新的探索途径，将对地震预报科学发展起到巨大的推动作用。

张晓东

中国地震局地震预测研究所　张晓东

# 序　三

随着高分辨率观测技术的进步和超级计算机计算能力的提升，孕育发生强震、大地震或特大地震的三维地质构造和地震监测预测预警相关的科研活动、业务运行等工作逐步实现了数值化和定量化。例如，在与地震灾害成因密切相关的活动构造研究中，活动断层地表几何结构、地表破裂型地震复发间隔、地震事件离逝率等成果不仅实现了参数化和定量化表达，还利用三维活动断层模型模拟推演技术将这些参数化、定量化成果尝试性地用于地震预测中，已然成为地震预报领域需要重点发展、从经验性预报向具有物理意义地震预测过渡不可或缺的前瞻性议题，地震数值预测正是其中一个值得关注的热点。

迄今为止，我们对震源所在地壳的结构、构造、物性参数、应力-应变状态等知之甚少，有限的地表仪器观测、历史文献记录、空天对地遥感等数据、资料很难准确地描述出活动断层上破坏性地震孕育—断层破裂滑动—断层面愈合这一远超人类个体生命周期的复杂过程，已有发震断层应变积累方式、滑动习性等力学模型与客观现实之间的偏差，严重制约了数值地震预测的发展。从万年尺度活动断层滑动习性和地表破裂型地震复发模型研究可知，地表破裂型强震、大地震或特大地震震级大小与活动断层地震破裂分段长度、破裂面积、凹凸体形态特征及其在一定条件下多个段落的级联破裂行为密切相关（Ben-Zion，2008；Zielke et al.，2008；Page and Felzer，2015）。已有研究表明，特定地区强震、大地震或特大地震孕育、发生取决于活动断层三维结构特征、破裂滑动强度、应力-应变状态等，复发模型包括单条活动断层上位移可变模型（variable slip model）、均匀位移模型（uniform slip model）、特征地震模型（characteristic earthquake model）或特征位移模型（characteristic slip model）等，还包括巨型活动断层段落之间或活动断层系之间相互作用下复发间隔逐渐缩短的丛状群集模型、复发间隔相对较短的活跃期与复发间隔相对较长平静期相间台阶状复发模型等（Xu and Deng，1996；Burbank and Anderson，2011；Zielke et al.，2010；Kang et al.，2020；Li et al.，2021，2022）。在过去的近20年间，以邓起东院士为代表的地震地质科学家们，基于活动断层长期滑动习性和构造力学机制，结合地球物理探查结果、近断层形变观测和地震活动性监测，通过构建地震构造模型和数值模拟，已经能够更准确地识别或判定高震级地震危险区，为高震级地震（$M \geq 7$级）监测预测和防震减灾提供可靠的标靶（Jiang et al.，2015a、b；徐锡伟等，2017；程佳和徐锡伟，2018；尹海权等，2020；《2016~2025年中国大陆地震危险区与地震灾害损失预测研究》项目组，2020）。

本专著从我国发展具有物理意义地震数值预测需求出发，不仅回顾了地震数值预测的发展历程、基本概念、内涵和外延，还展示了国家和行业科技规划和部署，以及科学家个人的推动作用；在国内外地震数值预测典型案例解剖、现有地震成因力学模型和断层摩擦滑动行为分析基础上，深入浅出地讨论了地震数值预测的可行性、存在的基本物理问题与应用场景，明确了地震数值预测的前提是利用三维建模技术构建反映客观、真实地壳物性参数和断层几何结构形态特征的地震构造模型，详尽展示了从地震构造背景、活动断裂孕震特征、块体变形特征中分析并提取区域构造变形基本特征，建立三维地震构造模型，并结合地震活动性和地壳应变监测数据进行地震数值预测的全过程。值得关注的是，在有关章节还重点介绍了对川滇交界东南缘鲜水河—小江断裂系及其周缘地区的相关建模和结果分析的全过程：在把握川滇交界东南缘的地震构造背景、活动断裂运动学特征和强震孕震动力学机制基础上，选择鲜水河—小江断裂系及其周缘断裂作为研究目标，蕴含着高速走滑断层运动特征、活动断层构造变形分配机制、强震孕育机理等诸多热点研究问题，体现了地震数值预测中几大重点关注的内容，是构造力学思维在地质分析、构造建模、数值计算与分析以及地震危险性判定上的集中应用。

本专著不仅有助于相关从业人员了解地震数值预测学科的发展主线，也为非专业人士了解这个正在蓬勃发展中的热点研究方向提供了很好的参考资料。

应急管理部国家自然灾害防治研究院
中国地质大学（北京） 徐锡伟

# 目　　录

# 第1章　引　　言

## 1.1　地震数值预测

地震数值预测是当前和今后一个时期的一个重要的科技发展议程。《2007~2020年国家地震科学技术发展纲要》明确“地震数值预测试验研究”为分阶段、分区域逐步推进的4个重大专项之一，提出：

在构造变形运动场和深部动力学研究基础上，通过在地震实验场区的密集观测和探测、在震源区的直接钻探和观测，构建地震孕育和发生的物理模型，利用实验和数值模拟技术研究强震孕育和发生的动力过程，开展地震数值预测的试验研究，对于认识地震机理、提高地震预测水平具有重要意义。

《国家地震科技发展规划（2021~2035年）》提出重点领域及其优先主题“地震数值预测”的内容包括：

从板块到断层应力加载的动力学过程，区域强震时空演化动力学过程，大陆强震原地复发动力学过程，三维岩石圈应力应变模型；基于震源物理模型的震级预测模型、基于强震动力学过程的时间预测模型和区域强震时空演化的数值模型。

地震数值预测目前并未见标准定义。在本书中我们不刻意区分地震预测和地震预报。因此关于地震数值预测，我们将视上下文在同样的意义上使用“数值地震预测”和“数值地震预报”的说法。此外，我们也不纠结“数值地震预测”和“地震数值预测”之间的差别。

刘启元和吴建春（2003）指出：

所谓数值预报实质上就是根据物理问题的数学模型对系统的演变过程作出定量化的预测。

石耀霖等（2013）用这样的方式说明地震数值预测的含义：

如果人们能够建立地下结构和物性的模型，应用连续介质力学、热力学方程和基于岩体破裂准则或断层本构关系，在了解区域边界条件和三维初始应力的条件下，也可以通过高性能计算，了解应力的演变，预测应力由于超过岩体强度而发生地震的最可能位置和破裂类型，预测高应变能积累区的体积大小和未来地震最大的可能震级，根据现有的应力大小和计算的增长速率预测可能发生地震的时段。

石耀霖等（2018）提出了数值地震预报的系统框架，这一预报系统由地震概率预测分系统和地震风险概率预测分系统组成。上述“地震数值预测”的内容，大致上对应地震概率预测分系统，也是本书的主要内容。一定意义上，可称之为“狭义的”地震数值预测。同时包括地震概率预测和地震风险概率预测的内容，可称之为“广义的”地震数值预测。

## 1.2 地震数值预测的历史发展：以中国为例

地震数值预测的概念，在国际上并没有明确地提出和讨论。然而地震数值预测的相关工作，可以追溯到比较早的时候。这里以中国为例，从时间上梳理一下相关工作和概念的演进。

自20世纪80年代初开始，王仁等（1980，1982a、b）将基于物理的数值计算方法应用到华北地区强震迁移和地震序列的模拟研究中，回溯性地预测了1976年唐山7.8级地震，以及华北可能的地震危险区和北京的地震安全度，开创了利用数值计算来模拟地震破裂，研究地震迁移与危险区预测的新方法（石耀霖和胡才博，2021），揭开了国内地震数值计算的序幕。宋惠珍等（1987）利用有限单元计算提供应力边界条件，模拟了北京地区区域应力场。刘洁和宋惠珍（1999）采用含位错面的三维黏弹性有限单元方法，在反演华北北部主要断层深部滑动速率的基础上，计算区域内有效应力和应变能密度随时间的变化，并由数值模拟结果估计地震危险性，提出潜在震源区。王妙月（1994）讨论了板内地震预报和地震成因之间的关系，以及实现地震物理预报的两条重要途径，对实现物理预报的潜在可能性进行了探讨。王仁（1994）对有限单元方法在我国地震应力场及其迁移的模拟，尤其是对构造应力场的反演方案，进行了阐述和展望，同时对边界元方法在我国地球科学研究中的应用进行了综述。王妙月等（1999）从线性流变体介质内制约质点运动的运动方程出发，导出了模拟地震孕育、发生、发展动态过程的三维有限元方程及程序。还给出了模拟进程中地震孕育、发生、发展过程的约束条件，使得可以用同一个程序完整地模拟地震孕育、发生、发展的全过程。

**背景资料：王仁在地震数值预测方向的开创性工作**

王仁先生1921年1月2日生于浙江省吴兴县。1943年毕业于西南联合大学航空工程系并获得工学学士学位。1948年赴美国西雅图华盛顿大学航空工程系深造，师从国际著名非线性力学专家罗森堡（R. M. Rosenberg）教授。1950年被推荐到由国际著名塑性力学教授W. Prager创办的布朗大学应用数学部深造，1953年获得应用数学专业哲学博士学位。曾历任布朗大学应用力学部的副研究员和美国芝加哥伊利诺伊理工学院力学系助理教授。1955年回国，王仁先生应周培源教授邀请到北京大学数学力学系任教。1986年以后，王仁先生虽然大部分时间在国家自然科学基金委员会从事领导和顾问工作，但是他始终没有离开科研、教学和培养研究生的第一线。王仁先生在地球动力学领域的研究工作，获得了国内外同行的赞誉和重视，他被国际著名地震学家安艺敬一（K. Aki）誉为“中国地球动力学之父”。鉴于王仁先生在科学上的成就和杰出贡献，2000年荣获何梁何利科学与技术进步奖（石耀霖和陈运泰，2021）。

王仁先生在地震数值预测方向的研究思路可用下图所示：

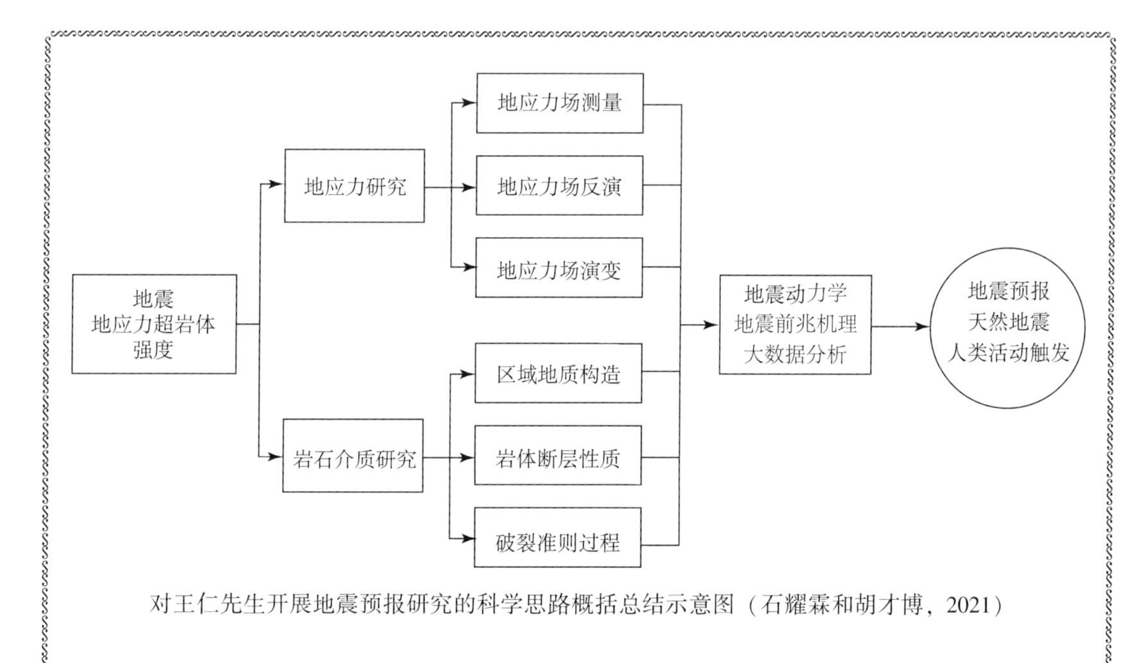


对王仁先生开展地震预报研究的科学思路概括总结示意图（石耀霖和胡才博，2021）

**参考文献**

石耀霖、陈运泰，2021. 纪念王仁先生百年诞辰地球动力学前沿研讨会专辑：序．北京大学地球与空间科学学院．

石耀霖、胡才博，2021. 王仁先生在地震预测中的开拓性工作．地球物理学报，64（10）：3429～3441.

焦明若等（1999a、b）利用黏弹性有限元模型对中国大陆及其邻区的基本构造应力场进行了模拟，获得了各单元的应力增长速率，解释了中国大陆及其邻区地震分布的特点，初步给出了与实际地震类似的地震活动时空反复演化图像。陈连旺等（1999，2001）构建了华北地区三维构造应力场模型，通过有限元方法模拟了构造应力场的演化过程，得到了1986～1997年以一年为时间尺度的演化图像，探讨了应力场的演化过程与地震活动性的关系，分析了区域构造应力场的总体特征和局部分区特性。刘杰等（2001）基于有限元方法，探讨了单元破裂对其他单元造成的应力调整，分析了区域应力场的动态演化，地震活动图像和各种参数变化对地震活动的影响。

21世纪以来，在相关工作中得到若干对地震数值预测有意义的结果，和对未来发展的一些启示。王凯英和马瑾（2004）建立了二维断块—断层平面应变模型，采用接触碰撞边界，模拟计算了川滇地区地震发生之后的应力增量场，并与该区域主要活动断裂间存在的地震活动相关性进行对比，证实了地震相关的断层相互作用现象是活动块体非均匀运动过程中应力场调整的反映。陈祖安等（2008，2009，2011）用三维流变非连续变形与有限元相结合（DDA+FEM）的方法，模拟了1997年玛尼7.5级大震的发生过程，以及2001年昆仑山口西8.1级大震的破裂过程，研究大震引起研究区各块体边界断层应力状态变化的特征，模拟计算了青藏高原及邻近地区现今构造块体边界断层上表征剪应力及法向应力等综合影响的危险度分布。邓志辉等（2011b）和宋健等（2011）尝试使用 ANSYS 数值模拟软件，建立了弹性和黏弹性复合模型，通过 GPS 观测数据和地质、地球物理资料的综合分析，计算了青藏高原东构造结及其周边地区的现今等效应力分布，获取了主要断裂现今运动特征和应力集中的段落分布，并计算了 1989 年大同 5.8 级地震和 1989 年张北 6.2 级地震震前震后的应变能密度变化，分析了这个过程中的能量转移。邓志辉等（2011a）和胡勐乾等（2014）根据华北地区活动地块划分及活动断裂分布，结合 GPS 资料，基于并行版 ANSYS 数值模拟软件，计算了 1999~2004 年和 2004~2007 年华北地区地表第 1 主应变和第 3 主应变（最大压应变）的大小和方向。杨树新等（2012）利用强震发生位置处单元降刚法，对中国大陆地区强震的远距离跳迁和主体活动地区转移机理进行了数值模拟研究。李玉江等（2013）利用川西—藏东地区三维黏弹性有限元模型，考虑地表高程和黏弹性松弛等因素的影响，计算了主要断裂带库仑应力累积速率和汶川地震对周围断层的影响。陶玮等（2014）基于完全耦合孔隙弹性理论，利用二维有限元模型（FEM），模拟水库蓄水造成的区域孔隙压力场和应力场的演化过程，讨论紫坪铺水库的蓄水对汶川地区地震危险性的影响。程佳等（2018）利用黏弹性地壳模型，计算了 1933 年叠溪 7.5 级地震、1976 年松潘 7.2 级震群和 2008 年汶川 8.0 级地震对 2017 年九寨沟 7.0 级地震的同震和震后库仑应力作用，以及九寨沟地震后对周边断层的库仑影响。姚琪等（2018a、b）利用非线性摩擦有限元方法，对一个地震周期内喜马拉雅造山带中段主要的断层摩擦行为和块体变形进行了模拟，对大凉山次级块体及周边地区主要断层 7 级以上历史地震的时空演化进行了模拟，讨论了这两个地区后续大地震的可能位置。石富强等（2018）模拟计算了青藏高原东北缘主要断层剪切力学性能对区域地壳运动速度场图像的控制作用，进而在最优模型基础上分析了当前青藏高原东北缘不同断裂的应力状态。冯雅杉等（2022）基于库仑-摩尔破裂准则，计算了玛多地震在周边区域及主要断层上引起的同震库仑应力变化，并结合断层构造应力加载速率，评估了库仑应力变化对断层应力积累过程的影响，计算了未来 10 年研究区的地震发生率分布。

地震数值预测的概念提出后，主要以计算地球动力学为手段，结合地震研究，开展了大量的工作，逐步形成了有中国特色的研究方向。王辉等（2007）利用三维有限元模型模拟了 2001 年昆仑山口西 8.1 级地震的同震位移场和同震应力场，讨论了震后的地震活动与同震应力场变化的关系。朱守彪和石耀霖（2004）运用伪三维遗传有限单元法反演了中国川滇部分地区受到的边界作用和该地区底部所受的剪切作用力。朱守彪等（2008）以 2004 年苏门答腊 9.0 级大地震为例，利用非线性摩擦有限元方法模拟了俯冲板片与上覆板块之间的闭锁、解锁、滑动到再闭锁这一准周期性过程，即大地震的孕育、发生过程。石耀霖和曹建玲（2010）修正了传统库仑应力计算中沿地震破裂面滑动方向计算剪应力变化的近似方法，考虑震后主应力方向可能改变对剪应力变化量计算的影响，计算了汶川地震造成的静态库仑应力变化，考察了不同地震破裂模型下库仑应力分布差异。孙玉军等（2012）基于三维孔隙弹性理论，根据紫坪铺水库开始蓄水到汶川地震发震时刻的水位变化情况，计算了整个区域的孔隙压力和库仑应力，详细讨论了断层及周围地层的弹性模量和扩散系数对地震的影响。董培育和石耀霖（2013）对该单元降刚法进行了进一步分析，并提出横向各向同性“杀伤单元”方法更适合模拟断层滑动效应。黄禄渊等（2017）基于高性能并行有限元方法，建立含地表地形和 Moho 面起伏的大规模非均匀椭球地球模型，计算了 2010 年智利 8.8

级大地震的同震效应，并根据库仑应力变化分析周围断层地震活动性和主震对余震的触发关系。邓园浩等（2017，2018）在此有限元地球模型的基础上，据简单断层滑动模型和复杂断层滑动模型计算了2016年苏门答腊7.8级地震引发的同震位移和应力及库仑应力变化，以及1920年海原8.5级大地震对青藏高原东北缘近100年历史地震和周围断层的应力触发作用。尹力和罗纲（2018）使用二维平面应变黏弹塑性有限元模型，模拟了龙门山断裂带地震循环的各个阶段（震间加载期、同震瞬间和震后黏性松弛调整期）以及多个地震循环（万年尺度）的地表变形。孙云强等（2018~2020）建立了青藏高原东北缘三维黏弹塑性有限元模型，模拟了青藏高原东北缘主要活动断层系统的地震循环和地震时空迁移，计算了断层系统的应力演化，得到了人工合成的万年时间尺度的地震目录。赵文涛等（2022）开发了计算这些人工地震目录与古地震序列匹配度的平均绝对误差法和余弦相似度法，计算了海原断裂及香山天景山断裂发生大地震后，大地震在区域四条主要断裂的迁移概率。董培育等（2019，2020）利用Monte Carlo方法和库仑-摩尔破裂准则，利用独立随机试验多次反演初始构造应力场，在保证每种模型都能令区域历史强震有序发生，但未来应力场演化过程不尽相同的前提下，运用统计学方法得到了巴颜喀拉块体1997年玛尼7.5级地震震前区域初始应力场，以及青藏高原及邻区区域未来的地震危险性概率分布。尹迪等（2022）以库仑-摩尔破裂准则作为判断地震发生的条件，模拟川滇地区单次地震过程和历史地震序列的发展过程，通过大量Monte Carlo随机试验得到5000种初始应力场模型，确保所有模型均能重现历史地震的发震过程，最终得到川滇地区现今应力场状态，并据此计算该地区地震危险性系数和相关概率。在这些工作中，石耀霖是重要的学术带头人。

**背景资料：石耀霖在地震数值预测方向的贡献**

石耀霖，中国科学院院士，发展中国家科学院（第三世界科学院）院士，地球物理学家，中国科学院研究生院、中国科学院研究生院地球科学学院教授。领导创建了中国科学院计算地球动力学重点实验室。主要从事地球动力学研究工作，发表学术论文200余篇，其中被SCI收录80余篇，引用1000多次。担任《中国科学院研究生院学报》主编、《地震学报》副主编、国际刊物《Tectonophysics》等刊物编委，现任中国地球物理学会副理事长，曾任中国地震学会副理事长。

石耀霖院士曾对地震数值预报的现状、发展路线和未来展望有过这样的评述（石耀霖，2012）：

地震预报需要从基于前兆的经验预报、统计预报，发展到基于对地震发生物理基础理解基础上的数值预报。

即使有了地震数值预报，并不意味着排斥经验预报和数理统计预报。不断有新的观测、不断有新的经验、不断有新的总结、不断有新的理论。理论也帮助我们更深地了解前兆。但是，仅仅依靠积累经验、特别对于发生频度很低的大地震积累经验，是缓慢而漫长的过程，获得的经验也充满了不确定性。要改变过去半个世纪的徘徊，必须要有新的科学思想和战略部署。不能仅仅把物理预报当作定性的研究地震物理机制，而是要在定量计算意义上开展数值预报；不能仅仅泛泛谈谈要逐渐从经验预报向数值预报过渡，而是要有明确的科学思路和切实的路线图及规划；要突破原有的专业分割局限性，注重具有地质、地球物理基础和数值模拟能力的创新人才的培养。

数值预报不是飘渺的梦，是现实可行的路，尽管路漫漫。气象数值预报从提出设想到初步实现，用了约半个世纪；地震经验预报在我国迅速起步之后也步履艰难地走过了半个世纪；地震数值预报更加困难，也许距最初步的目标也还有世纪之遥，但千里之行始于足下，不能畏难而止步，不能再搞半个世纪的经验预报，把数值预报留给子孙去开拓。是时候了，在我们这一代就要吹起地震数值预报的“起床号”！

**参考文献**

石耀霖，2012. 地震数值预报——飘渺的梦，还是现实的路？科学中国人，11：18~25.

## 1.3 总体设计：基本概念和基本原则

### 1.3.1 总体设计的基本概念

总体设计旨在概念研究、可行性论证以及方案设计阶段与研制系统有关的设计活动（朱振才等，2016）。目前总体设计已应用于若干重要的系统工程，如飞机（陈迎春等，2010）、航天发射场（万全等，2015）、汽车（洪永福，2016）、卫星（朱振才等，2016；金光等，2018）、导弹（刘新建，2017）等。

地震数值预测是一个涉及多学科的系统工程，需要不同专业的精准合作和长期持续努力。考虑到地震预测问题的复杂性，以及与高性能计算、大规模观测实验的密切关系，地震数值预测系统作为一个系统工程的技术难度一点都不亚于汽车、飞机、卫星、导弹。总体设计的思路和方法对这一领域的发展是重要的。

以往的绝大部分（不是所有）的地震数值预测方面的工作，都是由研究者们通过相互合作，以个人或研究组为主完成的，这是基础研究阶段的标准做法。总体设计的概念，则体现了这样的思路：在经过一定时间的研究和尝试之后，地震数值预测可通过某种基础科学研究与先进技术发展适度分工、密切配合、动态优化的方式实现。

### 1.3.2 总体设计的主要内容

地震数值预测总体设计是地震数值预测系统研制的顶层设计，是以地震数值预测为目标的各类设计活动和技术协调，主要包含概念研究、方案可行性论证及总体方案设计三个阶段。本书主要聚焦于第一个阶段。

**概念研究**的目的是确定任务需求，明确目标系统及应用的概念，分析可能的技术解决途径。**方案可行性论证**的目的是确定系统的研制必要性和可行性，为转入工程研制提供依据。

**总体方案设计**的目的是选定并完成总体方案设计工作，确定总体技术指标，确定各种接口关系。

### 1.3.3 总体设计的基本原则

地震数值预测的总体设计，既要考虑总体设计的一般原则，更要考虑地震数值预测自身的特点。地震数值预测的总体设计就其实质性内容来说与软件工程的总体设计相似。同时地震预测问题的特殊性和复杂性是数字地震预测总体设计中必须认真考虑的问题。目前，地震数值预测系统的总体设计应考虑下述基本原则：

**充分考虑科学问题的原则**。现阶段的地震预测，包括地震数值预测，仍处于科学探索阶段，因此“万能的”可以解决所有问题的地震数值预测系统是不现实的。一个地震数值预测系统首先要明确所试图解决的科学问题和进行或辅助进行地震预测的应用场景。一个地震数值预测系统的总体设计首先要为这些具体的目标需求服务。计算领域经常用的两句话，对地震数值预测系统也是成立的：“所有的模型都是错的，但一些模型是有用的”；“模型就像小说，它肯定是反映真实的，但它本身只能反映它本来就有的认识，如同地图上画出来的都是我们已经知道的东西”。

**与可用技术相匹配的原则**。地震数值预测系统的效能，既取决于算力，也取决于观测所能提供的条件。对于地震预测问题，“地球内部的不可入性”是一个有别于其他系统的重要的障碍。因此针对一个地区的地震问题的地震数值预测系统，要综合考虑可用的计算能力、算法要求和观测资料。以网格设置来说，既要考虑到预测对网格数的要求，也要考虑到观测分辨率的限度；既要考虑到描述不均匀性的网格设置，也要考虑到“把方程解正确”所需的网格。一定说千万网格比百万网格优越，不一定是科学的；一定说因为观测分辨率没有那么高，因此千万网格并不需要，也是片面的。

**可持续性的原则**。地震数值预测系统，至少是一个软件系统。与地震数值预测相关的一个重要问题，是“软件的可持续性”问题。我们看到很多很好的研究，随着研究者的退出（毕业、退休、改变工作单位，甚至去世）无法继续开展，这几乎已成为一个国际性的问题。因此地震数值预测系统在概念设计阶段，就需要充分考虑软件平台的可持续性、软件的开放性、标准化、可优化性等一系列问题。同时越是有针对性的地震数值预测系统，越要考虑系统的可延展性。重要的是，地震预测问题的研究解决，看来是一个长期的过程，需要“几代人甚至十几代人的努力”（借用汶川地震前中国地震局领导的说法）。这就使得系统可持续性的原则具有更为基础性的意义。

应该说，上述这些基本原则，既是在实践中反复讨论形成的，也需要在实践中不断讨论和优化。

### 1.3.4 地震数值预测的总体设计

虽然“总体设计”的概念在地震数值预测领域鲜有提及，但其本质内容已在前人的若干工作中充分反映。刘启元和吴建春（2003）就地震数值预测的实施给出图1.1所示的框图。

石耀霖等（2013）明确指出实现地震数值预报必须解决5个关键环节：

——对物理机制的认识并通过数学公式和数理方程对物理机制进行定量描述；
——解这些方程的计算能力；
——对于特定的预报，还要了解所研究区域地下的结构、物性以建立模型；
——边界条件及其随时间的变化；
——初始条件。

在石耀霖等（2018）的综述中，进一步细化了地震数值预测的实现。这实际上为地震数值预测系统总体设计提供了清晰的思路。而实际上，如同在地震预测研究中，很多与地震预测直接相关的研究并不冠以“地震预测”，很多工作（例如，王妙月等，1999；邓志辉等，2011a、b），虽并未将“地震数值预测”作为主题词，也清晰地给出了相关系统的基本考虑。

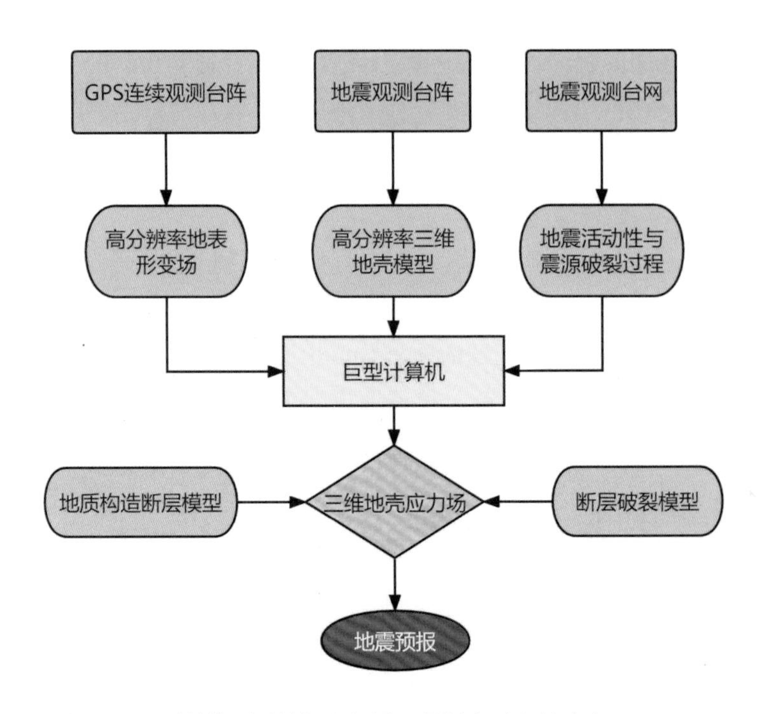


图 1.1　地震数值预测的概念框图（据刘启元和吴建春（2003））

**背景资料：钱学森与总体设计**

总体设计和总体设计部的思想来自“两弹一星”功勋科学家钱学森（王成斌、刘兆世，2011；薛惠锋、杨景，2016）。梁思礼院士为《钱学森总体设计部思想初探》一书（王成斌、刘兆世，2011）所作的序中，以导弹和航天器为例，概括了总体设计思想的内涵：

众所周知，导弹和航天器是极其复杂的工程系统，必须精心设计、精心生产、精心试验，才能拿出既符合特定指标要求又满足工程进度和预算约束的优质产品。

经验证明，要实现这一切，必须建立一个职责明确、运转协调的总体设计部，按照系统工程理论，定义工程系统，进行系统分析，在反复论证和模拟试验的基础上提出系统方案，逐层完善系统设计，使整个工程系统研制得以有序、高效地进行。我从事和主持弹道导弹和运载火箭控制系统研制工作几十年，有经验，也有教训。

概括地讲：凡总体设计搞得科学细致，统筹协调得当，资源调度符合实际情况，研制工作就进展顺利，比较容易达成目标；反之，就遭受挫折，影响进度和浪费资源。工程系统如此，社会系统更是如此。钱学森的总体设计部思想具有广泛的普适性，尤其适用于大规模的研究开发、工程系统和复杂的社会大系统。

该书（王成斌、刘兆世，2011）前言介绍：

总体设计部思想是钱老从20世纪50年代以来，特别是80年代以后，潜心研究并为之奔走呼号的学术结晶，也是他半生组织领导工作实践经验的升华，更是他极力倡导系统工程思想的拓展和应用。总体设计部思想是具有普适意义的一种思维模式和指导原则。钱学森博学广识，才华横溢，在多个学术领域都有极高的成就，但他谦恭检束，从不自诩，唯对总体设计部思想，他不避嫌隙，欣然称之为“中国人的发明”“前无古人的方法”。

钱学森等（1978）对总体设计和总体设计部的思想做了高屋建瓴的概括：

总体设计部设计的是系统的“总体”，是系统的“总体方案”，是实现整个系统的“技术途径”。总体设计部一般不承担具体部件的设计，却是整个系统研制工作中必不可少的技术抓总单位。总体设计部把系统作为它所从属的更大系统的组成部分进行研制，对它的所有技术要求都首先从实现这个更大系统技术协调的观点来考虑；总体设计部把系统作为若干分系统有机结合成的整体来设计，对每个分系统的技术要求都首先从实现整个系统技术协调的观点来考虑；总体设计部对研制过程中分系统与分系统之间的矛盾、分系统与系统之间的矛盾，都首先从总体协调的需要来选择解决方案，然后留给分系统研制单位或总体设计部自身去实施。总体设计部的实践，体现了一种科学方法，这种科学方法就是“系统工程”（Systems Engineering）。

关于系统工程的原理和目标，钱学森等（1978）指出：

我们把极其复杂的研制对象称为“系统”，即由相互作用和相互依赖的若干组成部分结合成的具有特定功能的有机整体，而且这个“系统”本身又是它所从属的一个更大系统的组成部分。例如，研制一种战略核导弹，就是研制由弹体、弹头、发动机、制导、遥测、外弹道测量和发射等分系统组成的一个复杂系统；它可能又是由核动力潜艇、战略轰炸机、战略核导弹构成的战略防御武器系统的组成部分。导弹的每一个分系统在更细致地基础上划分为若干装置，如弹头分系统是由引信装置、保险装置和热核装置等组成的；每一个装置还可更细致地分为若干电子和机械构件。在组织研制任务时，一直细分到由每一个技术人员承担的具体工作为止。导弹武器系统是现代最复杂的工程系统之一，要靠成千上万人的大力协同工作才能研制成功。研制这样一种复杂工程系统所面临的基本问题是：怎样把比较笼统的初始研制要求逐步地变为成千上万个研制任务参加者的具体工作，以及怎样把这些工作最终综合成一个技术上合理、经济上合算、研制周期短、能协调运转的实际系统，并使这个系统成为它所从属的更大系统的有效组成部分。

**参考文献**

钱学森、许国志、王寿云，1978. 组织管理的技术——系统工程．1978 年 9 月 27 日文汇报第一版、第四版．转载：上海理工大学学报，33（6）：520~525.

王成斌，刘兆世，2011. 钱学森总体设计部思想初探．北京：中国宇航出版社．

薛惠锋、杨景，2016. 钱学森总体设计部思想的现实意义．工程研究——跨学科视野中的工程，8（4）：391~400.

## 1.4　本书概要

本书试图在前人工作（刘启元和吴建春，2003；刘启元，2005；石耀霖等，2013，2018；马腾飞和吴忠良，2013；黄辅琼等，2017）的基础上，参照其他领域的总体设计的经验，面向更大范围的读者，讨论地震数值预测的总体设计问题，或者说从总体设计的角度讨论地震数值预测问题。

全书分为 7 章。除本章（引言）和第 7 章（结论和讨论）外，第 2 章侧重地震数值预测作为一个系统的“输入”和“输出”，介绍国内外地震数值预测的几个典型案例。第 4 章从地震数值预测如何与统计预测、经验预测、物理预测等结合的角度，介绍地震数值预测的应用场景的若干典型案例。第 3 章集中讨论地震数值预测概念设计中的一些关键问题。第 5 章针对如何使目标时间尺度较长的地震数值预测实现时间相依（time-dependent），并在现有的地震预测业务中发挥作用的问题，以年度地震趋势会商为例，讨论一种“混合预测”的策略，这也是在中国地震台网中心所开展的实践的一个小结。第 6 章结合中国地震科学实验场，给出一个地震数值预测总体设计的应用实例，该实例与实验场国家重大科技基础设施的项目建议和可行性研究工作以及实验场的长期发展规划工作有关，但更多地反映了某种“理想状态”下的地震数值预测系统的总体设计的思路。

地震数值预测作为一个重要的地震科学发展议程进入国家有关规划和项目指南的时间，与地震数值预测作为一个重要概念引起较为广泛的关注的时间大体一致，附录 1 收集了相关方面的一些原始材料。在地震数值预测的发展中，其他领域的数值预测，主要是数值气象预测，一直是一个重要参照。附录 2 反映了这方面的一些比较和思考。附录 3 汇总了本书公式中使用的常见符号。

# 第 2 章　地震数值预测的典型案例

## 2.1　国外地震数值预测典型案例

### 2.1.1　统一的加州地震破裂预测系统（UCERF）

统一的加州地震破裂预测系统（Uniform California Earthquake Rupture Forecast，UCERF）是美国南加州地震中心（Southern California Earthquake Center，SCEC）自 1988 年以来就一直致力于发展、开发和使用的。其目的是用具有物理意义的预测方法来获得比传统的地震危险性预测更好的结果。UCERF 提出了时间相关的地震破裂预测，试图将评估地震危险性所需要的参数都包含进地震中长期预测中。自 1988 年以来，加州概率工作组（Working Group on California Earthquake Probabilities，WGCEP）发展了多组 UCERF 模型（Field，2007a、b），在 2014 年提出了 UCERF3 模型，对外公布了美国加利福尼亚州地区未来 30 年 6.7 级以上地震发生的概率。在后续的 UCERF 模型更新中，SCEC 将进一步发展计算方法，并试图对已有的地震预测经验模型进行物理解释（Field et al.，2017）。

UCERF3 试图在传统的经验统计模型中引入物理概念和约束，其基本构架与石耀霖等（2018）建议的地震数值预测系统有某种程度上的类似（石耀霖等，2018）。UCERF3 系统主要包括 4 个主要模块：①断层模型（Fault Models），②变形模型（Deformation Models），③地震速率模型（Earthquake-rate Models），④概率模型（Probability Models）。通过将主要工作模块化，利用逻辑树建立 4 个主要模块间的联系（Field et al.，2015b），使其具有更好的可扩展性，更灵活，可以吸纳包容不同研究者的工作。

①断层模型是 UCERF 系统的基础。WGCEP 基于详尽的地震地质勘探结果，构建了美国加利福尼亚州地区三维断层公共模型，确定了主要大型活动断裂的空间几何结构，并在之后的多种计算中均采用统一的公共模型。②变形模型，又称为运动学模型，主要根据大地测量结果，结合古地震勘探结果，利用物理反演，计算针对断层段的断层滑动速率，提供地震能量释放计算所需运动学参数。③地震速率模型，又称为地震发生率模型，给出区域内各活动断层段落地震长期平均频度，且计算了整个区域所有地震的长期自然发生率（在某种程度上离散化）。断层模型、运动学模型和地震发生率模型共同代表了完整的时间独立模型。④概率模型则是在地震发生率的基础上，使用物理模拟，构建地震发生概率和预测概率模型之间的联系，提供在给定的时间跨度范围内的地震发生概率，以及可能会产生的相关灾害（可能取决于额外的信息，比如最后一次事件的日期）。相关的细节参见：http://www.wgcep.org/sites/wgcep.org/files/UCERF3_Project_Plan_v52.pdf。

从预测的时间长度上来说，UCERF3 包括分层次的三个部分 UCERF-TI（The UCERF3

Time-Independent Model，时间无关模型）、UCERF-TD（The UCERF3 Time-Dependent Model，时间相关模型）和 UCERF3-ETAS（The UCERF3 Epidemic Type Aftershock Sequence Model，时空丛集性模型）（Filed et al.，2015b），分别可类比于国内的长期、中长期和短期的地震预测，其中与地震数值预测关系最为紧密的是前两者。

在 UCERF-TI 模型中，提供了美国加利福尼亚州地区与时间无关的、长期的潜在破坏性地震的震级、位置和时间平均频率的估计（Field et al.，2014）。UCERF3 在 UCERF2 的基础上，引入了断层段和断层系统的复杂模型计算，以区域大地测量和地质资料提供观测资料为约束，在超级计算机上对断层段的错动进行反演。使用高效的模拟退火算法对一系列模型进行采样（Page et al.，2014），来处理反演过程中的不确定性，成功地消除了 UCERF2 中 6.5~7 级地震发生率的明显高估，并使自然界中常见的多断层破裂类型成为可能。

UCERF3-TD 模型是基于弹性回跳理论（elastic-rebound theory）的时间相依长期地震预测模型。根据弹性回跳模型，地震时应力释放，地震后有一个应力逐渐积累的过程。由于有的地方可能刚刚发生过大地震，有的地方可能很长时间没有发生大地震，因此不能仅仅知道长期平均地震速率，还需要知道历史已经发生过的地震时空分布，从而提出时间相关的模型（石耀霖等，2018）。该模型是 SCEC 一直致力于发展、修正的预测模型，自 1988 年就开始发展，在所有的 WGCEPs 的工作中（1988，1990，1995，2003 和 2007）中都有更新和改进（Field，2007b）。在 UCERF3 预测工作中，Filed（2015a）在 UCERF2 的基础上，利用 Monte Carlo 模拟，假设一个给定的破裂将是下一个发生的事件，然后将所涉及的分段的长期复发间隔加权平均，计算出期望的复发间隔，以此消除了细致的断层分段带来的偏差，使其具有更好的一致性。

UCERF3-ETAS 模型是传染型余震序列统计模型，是通过地震目录的统计和推测来进行，并不包含明确的地球动力学意义。把考虑余震时空丛集的 ETAS 模型引入 UCERF，主要是试图用于大地震后破坏性余震的短期预测（Field et al.，2017）。

UCERF 给出了两种预测结果：①何时何处在众多断层中哪里可能会断裂的地震破裂预测；②断层破裂时会造成不同地点震动的强地面运动风险预测（石耀霖等，2018）。

**背景资料：南加州地震中心（SCEC）**

南加州地震中心（SCEC）成立于 1991 年，主要任务，一是汇集南加州和其他地区的地震数据；二是整合基于物理解释和综合性地震调查的信息；三是加强社会公众对地震知识的了解以减轻地震灾害风险，提高减灾能力。迄今 SCEC 已经经历了 5 个阶段：第一阶段（1991~2002 年），基于加州 1992 年、1994 年、1999 年三次强震的科学总结，提出了“主体模型”。第二阶段（2002~2007 年），通过观测建立了公共断层模型、公共变形模型等若干基础模型；开始开发两个主要产品：加州统一地震破裂预测（UCERF）和地震模拟系统（Cyber Shake）。第三阶段（2007~2012 年），在统一速度模型等的基础上，实现了基于真实震源物理的强地面运动数值模拟；基于地震情景构建，分析地震灾害风险，给出防震减灾规划建议。第四阶段（2012~2017年），向社会发布基于物理模型的强震概率预测结果（UCERF 3），基于破裂模型和强地面运动算法，给出高频强地面运动，同时研究强震的“级联破裂”问题。第五阶段（2017~2022 年），基于前期的工作积累和科学认识，在重点科学议题中增加了地震预警系统（EEWS）和诱发地震等，并将研究区域扩展到加州北部地区。

SCEC 一直紧紧抓住地震的关键物理问题，围绕这些关键问题组织研究工作。发展至今，SCEC 关注的与地震预测预报直接相关的关键物理问题，一是从大尺度（板块）到小尺度（断层带）的应力转移（Stress transfer from large to small scale）；二是应力加载背景下的断层相互作用（Stress mediated fault interactions）；三是地震滑动过程中断层滑动阻力（摩擦等）的变化（Evolution of fault resistance during seismic slip）；四是断层带和断层系统的结构与演化（Structure and evolution of fault zones and fault systems）；五是瞬态形变（或“静地震”）的成因和影响（Causes and effects of transient deformations）。

SCEC 注重从系统科学角度考虑问题（earthquake system science，system specific studies 等是反复出现的提法），紧紧抓住地震物理的几个关键要素——断层（F）、形变（G）、蠕变（R）、应力（S）、热（T）、速度（V），形成了一个有效的、“有机”的（或者，不是“拼盘式”的）、有活力的、有特色的体系（Field，2007b）。该体系既是中国地震科学实验场的一个主要的借鉴对象，也是地震数值预测系统的一个主要的借鉴对象。

### 2.1.2　俄罗斯科学院地震预测理论与数学地球物理研究所（IEPT）的块体动力学模型

俄罗斯地震预测理论与数学地球物理学研究所（Institute of earthquake prediction theory and mathematical geophysics，IEPT）是俄罗斯科学院针对地震研究设立的机构，致力于利用块体动力学模型（block-and-fault dynamics model，BAFD）进行地震预测，并在其网站上公布全球 8 级地震的中期预测、对美国加利福尼亚州和内华达州的 8 级地震预测、意大利强震的中期预测等结果。（https：//www. itpz-ran. ru/en/predictions/）

Gabrielov et al.（1990）以及 Soloviev 和 Ismail-Zadeh（2003）建立了可以定量化分析的块体动力学模型（block-and-fault dynamics model，BAFD），它可以分析由于板块运动、地震丛集、大地震的发生和大地震重复发生而引起的沿断裂分布的应力变化。BAFD 模型认为地震活跃区域是由无限薄的断层面组成的刚性岩石圈块体组成，岩石圈块体在它们以及软流圈之间互相运动。块体沿断层面发生位移，由于这些块体是刚性的，因此所有变形发生于断层带内部。当断层面的某一区域受到的压力超过其承受极限时，应力释放（合成地震活动）的发生会使断层面的这一区域产生松弛。Soloviev 和 Ismail-Zadeh（2003）及 Ismail-Zadeh et al.（2012，2018）讲述了这一模型的具体细节。使用合成地震活动目录，将可以进一步分析地震活动的时空特征、大地震特点、断层滑移速率以及地震过程的其他特征。现实情况中产生的合成地震活动也将有助于地震灾害进行综合评估。

Sokolov 和 Ismail-Zadeh（2015）将区域地震记录以及 BAFD 模型提供的大规模合成地震活动（Ismail-Zadeh et al.，2007）加入 PSHA（Probabilistic Seismic Hazard Assessment）方法，使用 DESHA（DEterministic Seismic Hazard Assessment）方法对青藏—喜马拉雅地区进行了研究。

考虑到由上地壳刚性块体和下地壳韧性运动引起的沿断裂展布的变形，Ismail-Zadeh et al.（2007）发展了可以再现西藏—喜马拉雅地区 7000 年时间尺度强地震活动的 BAFD 模型。BAFD 模型根据断裂的逆冲、走滑和正断等主要性质，将这一地区划分成了 6 个主要的块体。根据由大地测量给出的当今印度和欧亚大陆的碰撞特征，指定不同块体之间的滑移速率为 4.2cm/a。在 BSFD 模型产生的合成地震目录可以被用于分析这一地区的大地震发生、震级-频次关系、震源机制解和断裂滑移速率等。

合成地震活动连同实际观测和历史地震活动被用于地震危险性分析中。模拟的地震记录是从 BAFD 模型根据几种较为可靠的目录（拟合较好的地震、大地测量结果、地球物理和地质结果）合成而来。与区域的地震记录相比，BAFD 模型给出了近 4000 年时间间隔的合成地震活动。值得一提的是，针对这一区域发展的 BAFD 模型可以较好描述在 2008 年汶川地震和 2015 年尼泊尔地震之前沿龙门山断裂到喜马拉雅中部以北区域的地震活动丛集现象。

为了评估西藏—喜马拉雅地区的地震危险性情况，Sokolov 和 Ismail-Zadeh（2015）基于这些合成地震活动从统计意义上构建了地震场景，以便分析每个地震场景导致的地面运动情况。研究结果显示，如果在 PSHA 中考虑了较长时间的拟合地震记录，计算得到的 475 年回归周期的 PGA 将指示这一区域的大地震灾害水平显著增强。需要指出的是，2008 年汶川 7.9 级地震的震级和震源位置符合 Sokolov 和 Ismail-Zadeh（2015）基于震源模型给出的范围。

Sokolov 和 Ismail-Zadeh（2015）对比了使用标准 PSHA 方法（Giardini et al.，1999）和 DESHA 方法给出的两种结果。DESHA 方法给出的峰值加速度（PGA）结果比 GSHAP 方法结果高出 1 个数量级。此外，基于 DESHA 的 PGA 结果与仪器记录得到的烈度分布一致（USGS 给出的 2008 年汶川地震 Shake Map）。

### 2.1.3 亚太经合组织地震科学合作（ACES）框架下的地震数值预测研究

亚太经合组织（APEC）地震科学合作（APEC Cooperation for Earthquake Science，ACES）是由澳大利亚、中国、日本、美国 4 大经济体的地震科学研究人员为核心成员的地震模拟合作计划（参见背景资料）。在 ACES 的合作方向中，Macro-scale simulation/Earthquake generation and cycles（宏观尺度模拟/地震孕育和轮回）直接与地震数值预测相关。

在 ACES 框架下，Xing et al.（2002a~c，2003，2006b，2007）开发了有限元分析软件 PANDAS/ESyS_Crustal，用于计算断层的非线性摩擦破裂行为，模拟地震及其轮回的孕育、发生过程。已经成功模拟重现了经典的岩石摩擦实验，如三明治断层模型（Xing and Makinouchi，2002d），单曲（Xing and Makinouchi，2003；Xing et al.，2004）和多曲（Xing et al.，2006b）的非平直三维断层模型、不同大小的岩块接触滑动等（Xing et al.，2006b）。计算所得的接触面上的摩擦力、应变和应变率的演化都与实验室发现的滑动弱化摩擦现象一致。

该软件已经在地震相关的断层摩擦模拟中取得了多方应用（邢会林等，2022），譬如 Xing et al.（2006a）模拟了澳洲南部的复杂断层系统中，断层的相互作用，证明了该软件能够用于不规整、多曲面、多断层、多接触的三维非线性摩擦模拟，实现了计算的收敛，获取应力场、应变场和断层节点摩擦力的时空演化特征，从而以此推测复杂断层系统中，多断层段逐次破裂的时空进程。类似的，Xing et al.（2007）将加利福尼亚州地区 800 km×700 km×10 km 范围内的 9 条断层进行了简化、建模和非线性摩擦有限元计算，模拟获取的等效应力场演化显示了不同规模断层的破裂、愈合、触发、延迟的复杂过程。针对国内川滇地区龙门山断裂、鲜水河—安宁河—则木河—小江断裂系、大凉山断裂等具有强震危险性的断裂，Xing et al.（2011）和姚琪（2018a）模拟了这些具有重要控制作用的边界断裂的破裂演化特征，模拟结果显示了在现今的应力场作用下，鲜水河—安宁河—则木河—小江断裂系和大凉山断裂的反复破裂—愈合过程，以及龙门山断裂带在长时间的应力加载下发生大规模破裂的过程。模拟所得的川滇地区主要断裂的破裂演化特征，与该地区强震的时空分布基本一致，表明该软件所计算模拟的断层摩擦破裂行为能够代表强震的孕震—发震—震后愈合过程。

该软件在多曲单断层面上也已经得到了很多的应用（邢会林等，2022）。Xing（2002b）将这个方法应用到太平洋板块在日本海深部向下俯冲的模拟中，实现了连续曲度变化的三维断层面摩擦行为的收敛计算。朱守彪等（2008）利用该软件计算了多曲度俯冲带的摩擦行为，模拟了 2004 年苏门答腊地震的非线性孕震过程和地震破裂现象。姚琪等（2012a、b）利用该软件模拟计算了汶川地震起始破裂处的断层倾角和物性参数对强震的控制作用，证实了高倾角和上下盘巨大的岩性差异都能造成逆冲断层超长的孕震时间，并且龙日坝断裂分担了巴颜喀拉块体内部大部分的走滑分量，使得汶川地震起始破裂处以逆冲活动为主。姚琪等（2018b）模拟了具有多曲度的喜马拉雅主逆冲带的断层破裂行为，用横向分段来解释了 2015 年尼泊尔地震复杂的地震破裂传播特征。郭婷婷等（2015）采用 PANDAS/ESyS_Crustal 对单断层与交叉断层两种断层模型分别进行数值模拟计算对比，结合中国大陆双震或震群型地震孕育发生的构造条件对共轭断层系统模型的孕震与发震机理进行了讨论与分析。

**背景资料：APEC 地震科学合作（ACES）的发展历史与主要科学议程**

**一、ACES 的由来和发展**

1993 年，澳大利亚昆士兰大学 Peter Mora 教授致电我国尹祥础研究员（原中国地震局分析预报中心研究员，中科院力学所非线性力学国家重点实验室（LNM）特邀客座研究员），谈及组织国际地震合作研究的设想。此后经过他们的共同努力，1995 年向国际社会发起在超级计算机上模拟地震物理的倡议，并于 1996 年再次提出该地震模拟项目的提案草案。

1997 年 8 月响应此提案的澳大利亚、中国、日本、美国科学家在布里斯班举行了项目规划会议，讨论制定了向亚太经合组织（APEC）提出的建立地震模拟国际合作的正式建议。

在 1997 年 10 月于新加坡召开的 APEC 产业科技工作组（Industrial Science and Technology Working Group，ISTWG）会议上，澳大利亚、中国、日本、美国代表向会议提交了题为“亚太经合组织地震模拟合作（APEC Cooperation for Earthquake Simulation，ACES）”的合作计划建议（中国代表是原国家科委李小夫处长），得到亚太经合组织的批准。由此形成了由澳大利亚、中国、日本、美国 4 大经济体为核心成员的地震模拟合作计划。

1998 年 5 月，在澳大利亚举行了科学理事会第一次会议，投票选举了科学理事会主席为澳大利亚昆士兰大学 Peter Mora 教授。会议还讨论制定了 ACES 章程（ACES By-Laws）。

为了在地震模拟合作的基础上拓展其他合作范围，2018 年 ACES 科学理事会根据 ACES 章程，投票表决更改合作项目名称中的“地震模拟”为“地震科学”，并提交亚太经合组织科技创新政策伙伴关系机制（PPSTI）的审议，获得批准，之后 ACES 的内涵从“地震模拟合作”更改为“地震科学合作”，ACES 的名称改为“亚太经合组织地震科学合作（APEC Cooperation for Earthquake Science，简称仍为 ACES）”。

ACES 有 7 个固定的合作方向：WG1：Microscopic simulation（微观模拟）；WG2：Scaling physics（标度物理）；WG3：Macro-scale simulation/Earthquake generation and cycles（宏观尺度模拟/地震孕育和轮回）；WG4：Macro-scale simulation/Dynamic rupture and wave propagation（宏观尺度模拟/破裂动力学和地震波传播）；WG5：Computational environment and algorithms（计算环境和算法）；WG6：Data assimilation and understanding（数据同化和解释）；WG7：Model applications（模型应用）。除了以上 7 个方面，近年在海啸预警、地震预测等方面也开展了合作交流。

ACES 建立以来，已在 Pure and Applied Geophysics 等刊物上组织若干研究专辑，在相关领域有广泛的影响。

**二、ACES 的运作机制**

ACES 的执行办公室设在澳大利亚昆士兰大学。ACES 已经历三届科学理事会，各届理事会成员名单为：

第一届：1999~2008 年，执行主席：Peter Mora（澳大利亚昆士兰大学），秘书：J. Bernard Minster（美国加州大学斯克里普斯海洋学研究所），理事：尹祥础（中国地震局地震预测研究所）、Mitsuhiro Matsu'ura（日本东京大学）、Andrea Donnellan（美国宇航局喷气实验室）。

第二届：时间：2009~2016 年，执行主席：John Rundle（美国加州大学戴维斯分校），秘书：John McRaney（美国南加州地震中心），理事：Huilin Xing（澳大利亚昆士兰大学）、Kristy Tiampo（加拿大西安大略大学）、尹祥础（中国地震局地震预测研究所）、How-Wei Chen（中国台北知名学者）、Eiichi Fukuyama（日本防灾所）、Charles Williams（新西兰地质学与核科学研究所）、Andrea Donnellan（美国宇航局喷气实验室）。

第三届：时间：2017～，执行主席：Eiichi Fukuyama（日本防灾所），执行副主席：张永仙（中国地震局地震预测研究所），理事：Huilin Xing（澳大利亚昆士兰大学）、Tony Song（美国宇航局喷气实验室）、Kristy Tiampo（加拿大西安大略大学）、How-Wei Chen（中国台北知名学者）、Charles Williams（新西兰地质学与核科学研究所）、TaeSeob Kang（韩国釜庆国立大学地球与环境科学系）。

该项目得到全球主要地震研究机构和研究计划的积极响应，几十个科研机构或地球科学计划项目参与了 ACES 合作。其中澳大利亚研究机构或研究计划包含昆士兰大学地震高级研究中心（Queensland University Advanced Center for Earthquake Studies，QUAKES）（后更名为昆士兰大学地震系统科学计算中心（Earth Systems Science Computational Centre（ESSCC），The University of Queensland））、固体力学研究组和工业固体力学中心（Solid Mechanics Group（CSIRO） and Centre for Industrial Solid Mechanics（UWA/CSIRO））、澳大利亚地球科学（Geoscience Australia，GA）、教育科学培训部（Department of Education，Science and Training，DEST），中国包含国家地震局分析预报中心（Center for Analysis and Prediction（CAP），State Seismological Bureau（SSB））（后更名为中国地震局地震预测研究所（Institute of Earthquake Forecasting（IEF），China Earthquake Administration（CEA）），中国地震台网中心自 2004 年加入该合作）、中国科学院力学研究所非线性力学实验室（Laboratory of Nonlinear Mechanics（LNM），Institute of Mechanics，Chinese Academy of Sciences（CAS））、中国地震局地球物理研究所（Institute of Geophysics，China Earthquake Administration）、北京航空航天大学（Beijing University of Aeronautics and Astronautics）、北京大学（Peking University）、国家科学技术委员会（State Science and Technology Commission，SSTC），日本包含东京大学多尺度地球系统演变和变化可预测性优化中心（Centre of Excellence for Predictability of the Evolution and Variation of the Multi-scale Earth System，Tokyo University）、信息科技研究组织（Research Organization for Information Science and Technology，RIST）、地壳活动建模项目（Crustal Activity Modelling Program，CAMP）、强运动建模项目（Strong Motion Modelling Program，SMMP）、国家地球模拟组（National GeoFEM Group）、科学技术局（Science and Technology Agency，STA），美国包含美国宇航局喷气实验室（NASA-JPL（iSERVO，QuakeSim，RIVA，ServoGrid）California Institute for Hazards Research）、印第安纳大学社区网格实验室（Community Grids Lab，Indiana University）、南加州地震中心（Southern California Earthquake，SCEC）、通用地震模型组（General Earthquake Models Group，GEM）、哈佛大学地震模型组（Harvard U. Earthquake Modeling Group）、拉蒙多尔蒂地球研究所非线性地球系统中心（Center for Nonlinear Earth Systems，Lamont Doherty Earth Institute）、内华达大学里诺校区地震实验室（Seismological Laboratory，University of Nevada，Reno）。图为 ACES 的徽标，徽标显示了 ACES 是个开放的合作项目。后期加入合作的还有加拿大、新西兰、韩国和中国台湾 4 个经济体。

亚太经合组织地震科学合作（ACES）的徽标

**参考文献**

张永仙、尹祥础、吴忠良、余怀忠、张小涛、于晨，2020. 亚太经合组织地震科学合作项目 ACES. 地震科学进展，50（8）：1~7.

## 2.2　国内地震数值预测典型案例

### 2.2.1　北京大学团队：开创性的工作

自20世纪80年代初开始，王仁等（1980，1982a、b）在1976年唐山7.8级地震之后华北地区的地震危险性分析中，开创性地将基于物理的数值计算方法引入到华北地区的地震相关应力场计算中，将其作为一个时空反演问题来进行计算和解释。

王仁等（1980，1982a、b）、王仁（1994）首次提出了追索应力场随时间的演变来恢复最后一次地震前的初始应力场的主要步骤（图2.1），具体如下：通过综合构造地质、地震地质、地球物理观测数据，把所需研究的地质体看作是由断裂带支撑的地质骨架，根据岩石力学分别设置断层和围岩的岩石力学性质，根据地球动力学和震源机制分析来设置均匀应力边界，用有限单元法计算相关应力场，使得首次地震的地点处于危险状态，再将首次地震地点的应力进行释放，降低摩擦系数，并重新计算应力场。通过逐次地点对比和调整参数、释放应力和降低摩擦系数和重新计算应力场，模拟多次地震的时空演化过程。

王仁等（1980）将华北地区看成由24条主要断裂带组成的地质构造骨架，模拟计算了1966年邢台7.2级地震、1967年河间6.3级地震、1969年渤海7.4级地震、1975年海城7.3级地震和1976年唐山7.8级地震之后应力场的变化，否定了唐山地震之后地震学界关于“唐山地震之后凡是断层交汇点发震危险性都增加了”的观点（王仁，1994）。在此文中，王仁等（1980）开创性地根据库仑破裂准则提出了“安全度”参数 $G$，用于度量剪应力离开剪破裂线的程度，以此来评价区域的地震危险程度。王仁等（1982a）在华北地区工

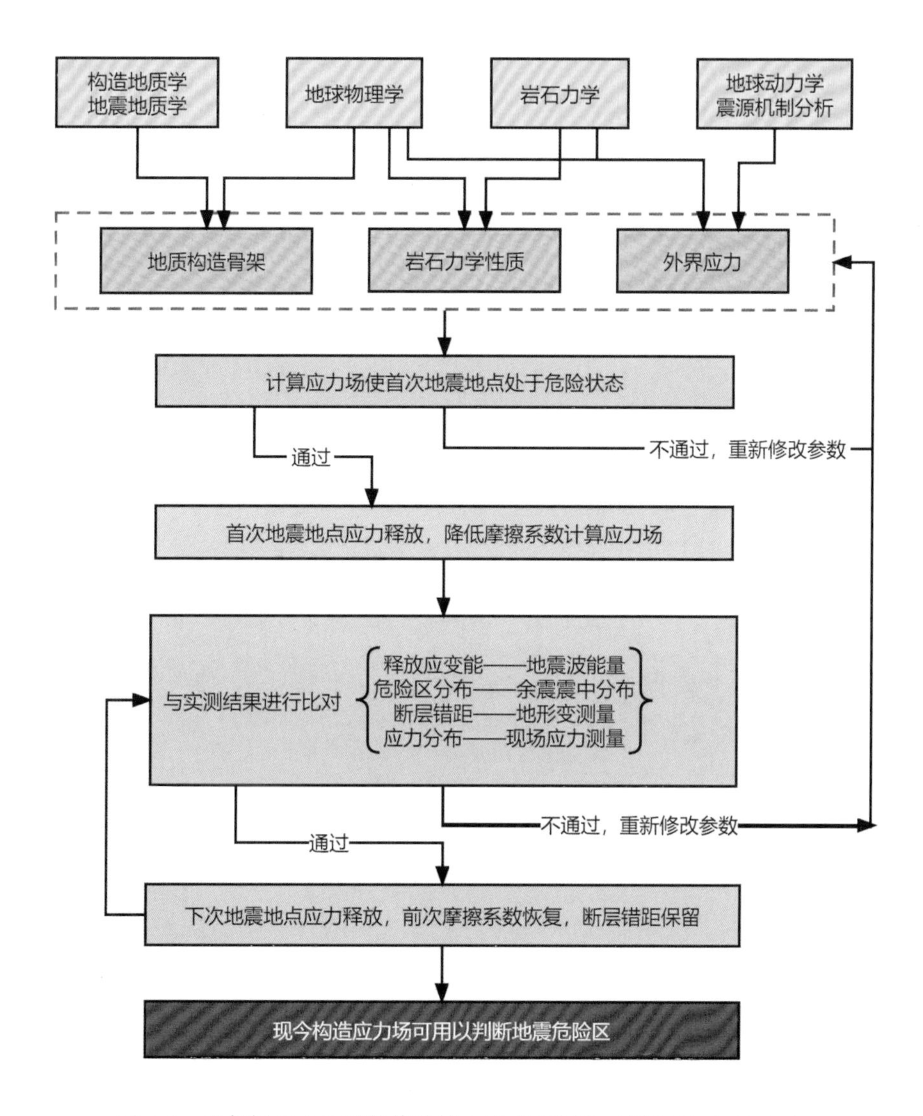


图 2.1　王仁提出的地震数值计算主要步骤框图（据王仁（1994））

作的基础上，他们又把研究的区域缩小到北京附近，建立了包含 29 条主要断裂的北京地区模型，模拟了 1976 年唐山 7.6 级地震及其 3 个主要余震（1976 年马驹桥 4.7 级地震、1976 年宁河 6.9 级地震和 1976 年宝坻 5.8 级地震）相关应力场的时空演化，评价了北京周围地区的地震危险性。王仁等（1982b）将模拟的时间范围进一步扩大，用平面应变弹塑性有限单元分析方法，反演近 700 年（1303~1976 年）华北地区发生的 14 个 7 级以上地震，推测了唐山地震之后华北一些可能的危险区，及用安全度参数 *G* 评估了这 14 次大地震，以及假定的周边大地震可能对北京地区产生的影响。

蔡永恩等（1999）提出了能更精确计算断层面接触力的新 LDDA（Lagrangian Discontinuous Deformation Analysis）方法，正演模拟了唐山地震断层的破裂、错动和应力释放的整个动力过程。该方法对位移和接触力同时迭代求解，在接触力计算上，则分为如下三个步骤：①利用 DDA 方法中的接触判断准则，找出当前时刻求解系统内部相互接触的块体；②利用区域分解法求出接触面上满足约束条件的接触力；③ 按有限元方法，利用接触力分别求出每个块体内部的位移和应力。在对地震的计算中，其过程类似王仁等（1980）提出的模拟步骤，即：首先用给定的应力边界求出初始应力场，然后通过降低地震发震断层中间部位的静摩擦系数，启动地震。

北京大学团队的工作一直持续至今。周仕勇等（2006）发展了基于库仑破裂准则的地震活动性准静态模型（Zhou et al.，2006），模拟促使断层滑动的剪切应力加载和阻碍断层滑动的摩擦阻力，并追踪离散化的断层子单元上剪切应力和破裂强度之间的关系、断层子单元破裂引起的扰动应力场、一次事件中最后一个子单元破裂与第一个子单元破裂的时间差、事件中发生的累积位错，以此来模拟地震的初始破裂点、地震的传播过程或增长过程、地震的持续时间、地震矩，以及地震的结束。周仕勇（2008）用该方法，以川西地区主要活动断裂为建模框架，计算了川西地区长达 10000 年的理论地震目录，提出川西地区 7 级以上强震与 Poisson 过程很相近，而单一断层强震的时间间隔分布与 Poisson 过程存在很大差异，并讨论了主要断层间强震活动的相互关联。金欣等（2017）进一步改进了该方法，将 GPS 反演得到的断层滑动速率的结果作为应力加载，进行区域的地震活动性模拟，计算了太原地区长达 20000 年的理论地震目录。

### 2.2.2 中国科学院大学团队：系统性的工作

位于中国科学院大学的中国科学院计算动力学重点实验室成立于 2002 年，是我国首家致力于计算地球动力学研究的实验室。在石耀霖的领导下，主要研究固体地球内部各圈层耦合作用的地球动力学过程，以超大规模并行数值模拟和可视化为主要手段，在地震相关的多层次模拟上做了大量的工作。

张怀等（2009）基于千万有限元网格技术，采用大规模并行有限元计算手段，针对川滇地区强震演化，构建了千万网格规模的、非结构化的三维有限元模型，实现了并行数值计算，以供多尺度计算研究。该网格已通过初步模拟计算，证实是可以计算和模拟的，并模拟了自 1950 年以来川滇地区 5 级以上地震的时空演化特征。该千万网格技术为中国科学院大学团队的大规模地学建模和计算奠定了基础。

石耀霖和曹建玲（2010）考虑震后主应力方向可能改变对剪应力变化量计算的影响，修正了传统库仑应力计算中沿地震破裂面滑动方向计算剪应力变化的近似方法，不限定剪应力只能作用在原主震错动方向上。计算了汶川地震造成的静态库仑应力变化，讨论了同一地震不同研究者反演的错动模型对库仑应力计算，以及对地震活动性的影响，考察了不同地震破裂模型下库仑应力分布差异。其研究结果指出，考虑主震引起的剪应力变化，对主断层端点数公里的小区域内的库仑应力计算能造成显著不同。

Luo 和 Liu（2010，2012）开发了一个三维黏弹塑性有限元模型来研究多断层在单个地震期间和之后、在多个地震周期中，及在长期稳态断层滑动中，之间可能的相互作用。发展了用应变软化材料来模拟地震的方法，即使用 Drucker Prager 屈服准则来判断断层是否发生地震，当达到屈服极限时，通过降低相关断层单元的内聚力来模拟断层的突然失稳，产生同震滑移，而地震结束后，则将失稳断层单元的内聚力进行恢复，由此模拟了整个地震周期。模型进入稳态加载状态之后的模拟结果包含了：震间加载速度、断层上的地震、震后断层愈合、地震丛集与地震平静、地震的时空迁移，以及断层系统中各个断层的相互作用。该方法被用于计算龙门山地区来自构造和地形荷载的区域应力，并模拟了汶川地震及其对周边主要活动断裂的应力扰动（Luo 和 Liu，2010）。该方法也用于计算自 1899 年以来，美国加利福尼亚州的圣哈辛托断层上的 9 次中型地震对圣安德烈亚斯断层的作用，认为这些中型地震推迟了“大地震”的发生（Luo 和 Liu，2012）。

孙云强等（2018~2020）利用 Luo 和 Liu（2010，2012）发展的三维黏弹塑性有限元模型，对青藏高原东北缘的地震活动性进行了模拟。其模拟对象包括了青藏高原、阿拉善块体、鄂尔多斯块体等活动地块，也包括海原断裂、香山天景山断裂、烟筒山断裂、罗山断裂、云雾山小官山断裂、牛首山断裂、黄河断裂、贺兰山断裂等主要活动断裂。模型深度达到 80km，上、中、下地壳的物性参数根据活动地块的地质划分来分别进行设置，其中上地壳由理想弹塑性材料模拟，而中下地壳和上地幔由马克斯威尔（Maxwell）黏弹性材料模拟，断层则用宽度为 2km 的断层单元来模拟，将其设置为具有应变软化弹塑性的特殊单元，并且根据典型大地震滑动位移、破裂长度等信息，对不同的断层设置不同的内聚力降。以现今的 GPS 速度（Gan et al.，2007）场进行插值，均匀分布在模型的四个侧面，作为位移边界条件。

该模型采用三维黏弹塑性有限元并行程序进行计算：首先模拟了背景应力场，即在边界条件、载荷和材料参数给定的条件下，运行模型，计算得到稳态加载状态下的背景应力场，然后分析了模型进入稳态加载状态（计算背景应力场）之后的模拟结果，计算了青藏高原东北缘主要活动断层系统的地震循环、地震时空迁移，以及断层系统的应力演化，得到了人工合成的万年时间尺度的地震目录。通过震间构造加载速度场与 GPS 数据对比、计算所得的人工合成目录和地震地质勘探所发掘的古地震资料进行对比、计算所得区域主要断裂的长期平均滑动速率与断裂的地质滑动速率对比，来确定模型的可靠性、参数的适用性和计算的准确性。在此基础上，统计青藏高原东北缘区域大地震相互迁移的模拟结果和古地震数据，计算了各断层发生下一次 7 级以上大地震的概率；其次是在香山天景山断层上，概率约为 9%~37%。在此基础上，赵文涛等（2022）开发了评估人工地震目录与古地震序列的匹配度的算法，并重新计算了青藏高原东北缘主要断裂发生下一次大地震的概率，提出当大地震在海原断裂上发生后，海原断裂再次发生大地震的概率最大，约为 47%，其次是香山天景山断裂，约为 23%~27%。

董培育等（2019，2020）发展了利用库仑-摩尔破裂准则结合区域大震反演区域应力场的方法。其中地震视为断层在长期构造活动作用下应力持续积累直至超出其承受极限而发生错动并释放应力的过程，库仑-摩尔（Coulomb-Mohr）破裂准则和拜尔利定律（Byerlee´s Law）被用于判定岩石应力状态和破裂的关系。将区域分为有历史地震和无历史地震两种类别，分别进行初始应力场的计算：对有历史地震的区域，认为在某个地震发生前，该地震的震源破裂区应力水平至少达到了断层临近破裂的状态或者半临界状态，用有限元横向各向同性“杀伤单元”法（董培育和石耀霖，2013）来计算主震静态应力降，根据不同区域构造活动性质来推测震源区断层摩擦强度，由区域应变率（董培育等，2016）通过弹性力学胡克定律计算区域构造应力增长速率，根据这三者估计出震前初始状态的应力值；而对历史上没有发生地震的较稳定地区，则认为该区域的应力水平未曾达到破裂临界值，用其估算上限值，并用该区域已有观测数据及其他相关资料限定应力下限值。在给定一个粗糙的现今构造应力场的基础上，往前倒推，减去震间应力积累和区域地震应力扰动作用，即可得到某一时刻的初始构造应力场。由于计算过程中存在大量的不确定性，董培育等（2020）引入 Monte Carlo 随机法，利用随机数发生器，在初始应力场不确定部分的上下限范围内随机取值，进行大量独立的随机试验计算，生成数千种有差异的区域初始应力场模型，且保证每种模型都能令历史强震有序发生，但未来应力场演化过程不尽相同。最后，将数千种模型在未来时间段内的危险性预测结果集成为数理统计结果，据此给出了区域未来的地震危险性概率分布图。这种确定性计算和随机计算混合的方法，为地震数值预测提供了一个新的思路。

董培育等（2019，2020）和尹迪等（2022）将这种库仑-摩尔破裂准则和 Monte Carlo 随机法混合使用的方式，应用到了巴颜喀拉块体及其周边区域、青藏高原及邻区、川滇地区强震演化和未来地震危险性分析上。构建了包括昆仑山断裂带、甘孜—玉树断裂带（包括鲜水河断裂带西北段）和龙门山断裂带等主要活动地块边界深大断裂的地质模型，用连续介质线弹性本构方程来逆向推测了巴颜喀拉块体及邻区 1997~2014 年的 7 个 6.5 级以上破坏性地震震前的应力场，青藏高原及邻区区百年历史范围内的强震震前应力场，以及川滇地区百年时间内发生的 30 次 6.5 级以上历史地震。主要计算步骤为：首先可获得地震序列中最近一个地震（2014 年于田地震）的震前应力场（假设于田地震震源区的应力处于临界破裂状态）；然后倒推计算，该应力场减掉与前一个地震（2013 年芦山地震）的震间应力积累量，以及同震应力变化量（利用有限元“杀伤单元”法计算所得），并计算芦山地震震源区应力状态，可得到芦山地震震前应力场（芦山地震震源区应力处于临界破裂状态），依次倒推推算到 1997 年玛尼地震前的初始应力场。运用统计学方法得到了巴颜喀拉块体 1997 年玛尼 7.5 级地震震前区域初始应力场，青藏高原及邻区区域、川滇地区未来的地震危险性概率分布，指明了未来地震活动危险性概率较高的地区。

张贝等（2015）提出在弹性位错问题的有限元模拟中，用等效体力代替位错源，从而在构建几何模型时不用包含断层，却可以处理包含任意复杂断层的问题，极大降低建模的难度。这种方法可以适用于更大规模的模型，能够计算特大地震的全球影响，譬如在球形地球模型下 2011 年日本 Tohoku-Oki 特大地震对华北地区断层的影响（张贝等，2015）。黄禄渊等（2017）和邓园浩等（2017，2018）基于高性能并行有限元方法，建立了含地表地形和 Moho 面起伏的大规模非均匀椭球地球模型，开创性地在同震形变和应力计算中同时考虑球形地球、介质非均匀性和地表、Moho 面地形起伏，用以从力学角度定量计算特大地震的同震形变场和应力场，并根据库仑应力变化分析周围断层的地震活动性和主震对余震的触发关系，譬如 2010 年智利 Maule 8.8 级地震（黄禄渊等，2017）、2016 年苏门答腊 7.8 级地震（邓园浩等，2017）、1920 年宁夏海原 8.5 级大地震（邓园浩等，2018）等。

### 2.2.3　中国地震台网中心团队：与地震预测业务紧密结合的工作

中国地震台网中心团队在地震数值预测方面的工作可以追溯到国家地震局原分析预报中心（1980~2004 年，以该中心为基础，2004 年分别成立了中国地震台网中心和中国地震局地震预测研究所）。

刘杰等（2001）发展了一种基于准三维有限元方法和细胞自动机模型建立的地震时空演化动力学模型。该模型以 Maxwell 体组成平面网格，以定常位移速率为边界条件，利用有限元方法确定各网格单元的应力增长速率，并人为设定每个单元的初始应力和摩擦因数，利用库仑-摩尔（Coulomb-Mohr）破裂准则得到单元破裂所需时间。当系统经过一定时间的发展，某个单元将满足破裂条件发生破裂。将该破裂单元作为内部边界条件，利用有限元方法计算这个单元的破裂对系统其他单元造成的应力调整，以此实现多次地震时空演化过程的模拟。该模型在一个由 30× 40 个节点组成的均匀网格模型上运行和计算，探讨了单元破裂对系统其他单元造成的应力影响，分析了区域应力场的动态演化，地震活动图像和各种参数变化对地震活动的作用。此外，刘杰根据王辉等（2008）针对鲜水河断裂带的强震相互作用和应力演化的工作，将模拟结果定性应用到地震中长期预报的实际业务中，开创了国内在实际业务中应用数值计算结果的先河。

程佳等（2011，2018）利用考虑黏弹性地壳结构和精确震源参数，计算了强震的同震和震后形变，分析了在长时间域和黏弹性的地壳作用下，多次强震之间的演化、迁移和相互影响可能性。程佳等（2011）计算了 1997 年以来巴颜喀拉块体周缘强震之间的黏弹性触发，包括 1997 年玛尼 7.5 级地震、2001 年昆仑山口西 8.1 级地震、2008 年汶川 8.0 级地震。计算了这些强震所形成的同震和震后形变场的变化过程，讨论了这几个强震与 2010 年玉树 7.1 级地震之间的关系。程佳等（2018）计算了 1933 年叠溪 7.5 级地震、1976 年松潘 7.2 级震群和 2008 年汶川 8.0 级地震对 2017 年九寨沟 7.0 级地震的同震和震后库仑应力作用。计算结果表明，1933 年叠溪地震对九寨沟地震具有延缓作用，而 1976 年松潘震群和 2008 年汶川地震对九寨沟地震的黏弹性库仑应力作用为正；随着下地壳和上地幔黏弹性物质的持续作用，前述几次地震总的黏弹性库仑应力在九寨沟地震破裂中心点处负的库仑应力逐渐减弱，而在破裂北段这些库仑应力逐渐转为正值，并促进了九寨沟地震的发生，显示了黏弹性地壳模型下地震对区域作用的随时间变化。同时还计算了九寨沟地震对周边断层的库仑影响，并将此影响值转换为对断层能量积累的影响时间上，并结合已知断层段的离逝时间，得到了这些断层段的未来 30 年特征地震发生概率。

姚琪等借鉴了石耀霖等（2018）提出的地震数值预报路线图的基本框架，针对地震数值预测在中长期地震趋势会商的需求（参见第 5 章背景资料），应用 ACES 框架下 Xing et al.（2002a~c，2003，2006b，2007）开发的非线性摩擦有限元软件 PANDAS/ESyS_Crustal，结合地震统计和概率预测，探索了更短预测时长的地震数值预测方法，并在中国地震科学实验场区地震数值预测中进行了应用。该混合预测方法主要根据地震的孕震机制和发生、发展过程，将整个地震预测分为三个层次：一是长周期层次，基于活动地块对强震的控制作用，确定地震基本的孕震机制，预测 7 级以上的强震在数十年尺度的发生可能性；二是中等周期层次，用于确定一段时间内中强地震的影响，分析的目标是 7 级以下的中等地震，预测目标是 6~7 级的中等地震在十余年尺度的发生可能性；三是短周期，用于确定现今区域地震活动的状态，分析的目标是 3 级以上小震，预测目标是中等强度地震在数年尺度发生的可能性（姚琪等，2022，2023）。在对川滇交界东边界的地质背景、地震活动性、地形地貌和深部地壳结构综合分析的基础上，姚琪等（2018a）建立了以鲜水河—小江断裂系为主要模拟目标，共包括 11 条主要边界断裂的三维有限元地质模型，参照区域深地震反射和大地电磁测深的结果分别设置主要块体的物性参数，根据国家地震科学数据共享中心公布的 GNSS 区域站相对于欧亚板块 2009～2013 速度场来设置位移边界（http：//data. earthquake. cn），利用 PANDAS/ESyS_Crustal 软件计算了川滇地区复杂断裂系统在青藏高原物质向东挤出过程中的摩擦破裂行为，模拟了 1840 年以来 7 级以上强震时空演化，并推测了 2013 年芦山地震之后该区域可能有的应力场变化。在此基础上，利用 Okada（1985，1992）给出的均匀半无限空间同震位移和应力场的解析解，计算了 2013 年芦山 7 级地震之后数十年间，川滇地区中等强度地震同震应力扰动，并反向叠加到模拟所得的应力场。通过重分类和加权，在应力场上叠加年尺度小地震活跃程度的统计，实现区域地震危险程度的混合评估（详见第 5 章）。

# 第 3 章　地震数值预测总体设计的基本问题

## 3.1　地震物理的基本要素

### 3.1.1　板块构造与中国大陆地震的活动地块动力学模型

1912 年气象学家魏格纳（Wegner）发展了大陆漂移说，经过半个世纪质疑和论证，大陆漂移被地球科学界普遍接受，1968 年 Morgan 提出了板块构造的假说，刚性的板块构成了地球外壳，板块间相对运动和相互作用在板块边界产生了大部分的地震、火山和造山带。驱动板块运动的力本质还是重力：地幔深处热物质上涌，与岩石圈冷的物质形成密度差，重力导致地幔对流，为大陆漂移提供动力。相邻两个刚性板块的相对运动可以用欧拉极位置和绕欧拉极旋转的角速度描述。

根据地形、地震与火山活动、地磁资料和大地测量资料反映的板块运动信息对全球的板块进行划分，NUVEL-1 模型将全球板块划分成 14 的大型板块（DeMets et al.，1990），PB2002 模型又细化出 38 个小型板块（Bird，2003）。全球板块运动的模型也从早期的 NUVEL-1，发展出了 NUVEL-1A 和 NNR-NUVEL-1A（DeMets et al.，1994）、MORVEL（DeMets et al.，2010）、HS3-NUVEL-1（Gripp and Gordon，2002）、NNR-MORVEL（Argus et al.，2011）等板块构造模型。

中国大陆地处地中海—喜马拉雅地震带和环太平洋地震带的交会部位，是全球大陆地震最频繁、地震灾害最严重的地区之一。在这些全球板块构造划分模型中，中国大陆属于欧亚板块，其西部受印度板块的推挤，形成喜马拉雅造山带、青藏高原和天山造山带，其东部受太平洋板块和菲律宾板块双重作用，形成了台湾中央造山带。传统的板块构造模型能够很好地解释喜马拉雅造山带、台湾中央造山带等地区板缘地震发生的原因和动力特征，但是很难对中国大陆发生的板块内部的大震，譬如发生在青藏高原、天山地区、华北地区等区域的一些大型、特大型地震进行解释。

为了解释中国大陆强震孕育和发生机制，先后发展出了张文佑的“断块构造”模型（1984）、丁国瑜的活动亚板块和构造块体模型（1991）等。在 20 世纪后期，在地震地质、地球物理、大地形变、地震活动性等研究的基础上，逐渐发展出了活动地块假说（邓起东等，1994，2002，2003，2009；汪一鹏，1994；张国民等，1999，2000；马瑾等，1999，2009；张培震等，2003），指出“中国大陆强震受控于活动地块运动与变形”，用于解释中国大陆强震活动的空间分布特征、活动规律和机理：活动地块指被 10~12 万年以来强烈活动的构造带所分割和围限，并具有统一运动方式的地质单元，在构造作用和活动地块差异运动共同作用下，活动地块边界带容易应力集中并孕育强震，中国大陆所有 8 级地震和 80%~

90%的 7 级以上地震发生在活动地块边界带上。活动地块根据不同的构造强度可分不同级别，高级地块内部可以进一步分成次级地块；活动地块有内部构造变形较小相对稳定的刚性活动地块，也有构造变形强烈的非刚性活动地块。

基于活动地块理论和定义，可将中国大陆划分为 6 个 Ⅰ 级活动地块和 22 个 Ⅱ 级活动地块（张培震等，2013；徐锡伟等，2017；郑文俊等，2020）：6 个 Ⅰ 级活动地块为青藏、西域、南华、滇缅、华北和东北亚，这些 Ⅰ 级活动地块区进一步划分成若干 Ⅱ 级活动地块。其中青藏高原活动地块被由早期构造缝合带形成的弧形构造带分割成 6 个 Ⅱ 级活动地块（拉萨、羌塘、巴颜喀拉、柴达木、祁连、川滇）。其中，除了川滇地块之外，其他 5 个地块都以北向、北东向运动为主；川滇活动地块除了南东向整体运动之外，还存在绕喜马拉雅东构造结的旋转。华北活动地块进一步被划分成鄂尔多斯、华北平原和鲁东—黄海 3 个 Ⅱ 级活动地块，鄂尔多斯地块内部完整稳定而周缘的构造变形强烈，其东南西北 4 个边界带的运动存在差异；华北平原西边界是山西断陷盆地带、北边界是张家口—渤海断裂带、东边界是郯庐断裂带，南边界是大别山山前隐伏断裂带；华北平原地块由于新时代早期经历了强烈拉张和断陷，形成北北东向的地堑和正断层，上新世以来裂陷结束开始整体下沉，北北东向正断型断裂发育成右旋正断型断裂，并将华北平原地块划分成太行山、华北、河淮等次级地块。

1997 年 11 月 8 日玛尼 7.5 级地震以来，中国大陆 7 级以上地震都与巴颜喀拉地块相关，例如 2008 年的汶川 8.0 级地震，就发生在巴颜喀拉地块东边界—龙门山断裂带上，表明最新的昆仑—汶川地震系列的主体活动区为巴颜喀拉地块（邓起东等，2014）。

### 3.1.2 弹性回跳模型：验证和发展

1906 年在美国旧金山发生 8.6 级大地震，1910 年地球物理学家里德（Reid）根据这次地震前后的地表位移调查结果，提出了弹性回跳模型解释浅源地震孕育发生的力学机制（Reid，1910）。根据弹性回跳理论，断层两侧板块缓慢相对运动，在断层附近岩石中产生变形并存储应变能，当岩石的应力突破岩石强度，断层两侧岩体沿断层快速错动，通过地震破裂产生的地震波释放存储的能量，断层两侧岩体回弹恢复到震前的形状。

1904 年旧金山地震考察，特别是对变形场的三角测量分析（Lawson，1908）很好地验证了弹性回跳模型。

Burridge 和 Knopoff（1967）提出高度简化的弹簧—滑块模型（BK 模型），把地震断层面简化成一个由弹簧和滑块组成的链条，把断层两侧的两个半无限空间简化成一系列加载弹簧，每一个滑块都通过加载弹簧与一个缓慢地运动着的板块连在一起，滑块与桌面之间存在摩擦。如果作用在一个滑块上的力达到最大静摩擦力，滑块就开始运动，直到动摩擦力的作用使它的运动停止，滑块的运动可以视作地震。BK 模型虽然是高度简化的模型，但考虑到了加载、耦合、质量、摩擦这些物理要素，能模拟出强震的能量积累—释放—再积累—再释放的周而复始的过程（吴忠良和陈运泰，2002）。

Brace（1966）引入工程界的术语“黏滑”来解释弹性回跳理论的力学机制，认为断层摩擦滑动中的黏滑造成了浅源地震的发生。黏滑概念将断层的变形问题归化成了的断层的摩擦问题，从 Byerlee 的岩石静态摩擦定律（1978）和 Dieterich（1979）的速率状态摩擦定律开始，随着高温高压岩石实验的发展，掀起了对断层摩擦性质和震源物理的研究热潮。

### 3.1.3　库仑破裂应力

地震事件不是孤立发生的，通常伴随有前震和余震并丛集发生，说明地震之间存在应力的相互作用，这种相互触发作用既可以是近场相邻断层之间的应力触发，也可以是远场通过地震波传播动态触发。假设地震断层摩擦符合库仑摩擦定律，就可以用库仑破裂应力变化（$\Delta CFS$）来描述近场静态应力触发作用的（式（3.1））。

$$\Delta CFS = \Delta\tau - \mu(\Delta\sigma_{n} - \Delta p) \approx \Delta\tau - \mu'\Delta\sigma_{n} \tag{3.1}$$

式中，$\Delta\tau$和 $\Delta\sigma_{n}$ 分别是主震在接收断层上造成的剪应力和正应力变化（挤压应力为正）；$\Delta p$ 是孔隙水压力变化；$\mu$ 是断层摩擦系数；$\mu'$是断层视摩擦系数。如果 $\Delta CFS>0$，说明主震促进了接收断层上的地震发生，如果库仑破裂应力 $\Delta CFS<0$，说明主震减缓了接受断层上的地震发生。

库仑破裂应力的计算，依赖于主震破裂面的几何形态和同震位错滑动的分布，这些资料通常由地震学对波形的反演或者利用大地测量学同震位移反演得到，但不同研究者给出的破裂面同震滑动分布结果存在差异；其次，接收断层的走向和滑动矢量方向都会影响计算结果，在发震断层近场，构造应力场方位与大小也会影响计算结果；而断层视摩擦系数对结果影响较小（Scholz，2019）。根据对地球介质流变性质的假设，也有不同的计算模型，早期的计算大多利用弹性半无限空间介质的假设计算库仑破裂应力扰动，后来的计算中陆续考虑了地壳介质的黏弹性及各向不均匀性。

库仑破裂计算分析已经在美国（Harris and Simpson，1992；Harris et al.，1995）、中国（Toda et al.，2008）、土耳其（Stein et al.，1997）等多个地区的强震后被应用到余震的触发和周围断层的应力影响分析，通常认为改变地震发生率的库仑应力阈值约 0.01MPa（King et al.，1995）。

### 3.1.4　断层摩擦与不稳定性

在地震数值预测相关计算中，如何模拟地震是其中至关重要的一个问题。一般情况下，地震数值预测针对的是强震—巨震的计算和模拟，而强震—巨震一般发生在断层上，是由断层的错动引起的。地震的孕育、发生过程中也就是断层闭锁、滑动、解锁过程，其中断层的失稳行为起着决定性的作用，对断层失稳破裂行为的数值描述，就是地震数值预测的关键。

断层错动是一个复杂的过程，包含了各种因素的相互作用，其中哪些因素控制了地震成核、滑动、终止和复发，是地震研究者们一直致力于研究的问题。目前这方面的地震研究进步显著，人们提出了众多关于地震破裂和破裂传播的模型，并进行了大量的数值模拟实验，但是现有的这些模型尚需要利用地震学、大地测量学、地质学和实验室数据来不断进行完善。

一般而言，含断层的数值计算主要有两种不同的处理方式：一种把断层作为非连续的摩擦接触界面（Tse and Rice，1986；Lapusta et al.，2000；朱守彪和张培震，2009；刘峡等，2014；姚琪等，2012a、b，2018a、b；Xing and Xu，2011；袁杰等，2021），另一种则是把断层当作某种特殊材料（如弱材料）（王仁等，1980；王凯英和马瑾，2004；Luo and Liu，2010；Liu et al.，2016），用某种准则来判定断层相关网格的不稳定性（杨树新等，2012；董培育等，2013，2019，2020；孙云强和罗纲，2018）。两者都可计算相关的应力及变形行为，但前者在理论上或可更加真实地模拟断层的动力学行为（邢会林等，2022）。下面对这两类方法进行简述：

**1. 断层摩擦**

一条断层一旦形成，其进一步的运动将受摩擦控制。摩擦是一种接触性质，而非一种体积性质（Scholz，1990）。摩擦不仅控制着地震的成核位置、发生时间及震级大小，还控制着破裂的方式、破裂的传播速度及方向以及余震发生的数目及其衰减规律，是地震和断层相关数值模拟中非常重要的一个部分。王仁等（1980，1982a、b）、王仁（1994）对华北地区强震活动的数值模拟，是通过把断层的静摩擦系数降为动摩擦系数来模拟相关的断层破裂。

断层上的摩擦非常复杂，研究人员通过拟合实验室实验数据，参照断层破裂运动学反演结果，提出了数十种断层面上的本构关系假设（Bizzarri，2011）。这些本构关系的相关计算模拟能够用于描述和再现一些现象，但是计算结果存在差异（Ben-Zion，2001；Ryan and Oglesby，2014；Yuan et al.，2020；唐荣江和朱守彪，2020）。这些摩擦本构关系可大致分为（准）静态和动态两种大类，动态摩擦本构关系主要描述高速状态下断层的滑动弱化和快速愈合，（准）静态摩擦关系更关注于断层成核、不稳定滑动和地震的周期性行为。鉴于本书主要介绍狭义的地震数值预测（详见第 1 章）的相关内容不牵涉具体地震的成核过程，只关注其由应力增量增加的危险度，因此本节对断层摩擦中的（准）静态摩擦关系进行简单介绍，暂不讨论动态破裂、慢滑移、超剪切、中小地震的模拟、裂纹扩展、临震亚失稳理论等问题。

在众多断层面摩擦本构关系中，运用较为广泛的是：滑移弱化摩擦本构关系，速率弱化摩擦本构关系，以及速率-状态相依摩擦本构关系。

滑移弱化的摩擦本构关系（Slip-Weakening law）是一种极为广泛使用的摩擦本构关系，是指摩擦力随着断层位错（即滑移）的增大而减小。摩擦系数随着滑移的这种变化，既有线性的摩擦关系表达，也有非线性的（Bizzarri，2011）。线性的数学表达式如下（Andrews，1976；Ohnaka and Yamashita，1989）：

$$\tau=\begin{cases}\left[\mu_{s}-(\mu_{s}-\mu_{f})\dfrac{u}{d_{0}}\right]\sigma_{n} & u<d_{0}\\ \mu_{f}\sigma_{n} & u\geqslant d_{0}\end{cases}\tag{3.2}$$

式中，$\mu_s$ 和 $\mu_f$ 为最大静摩擦系数和滑动摩擦系数；$u$ 为接触断层两盘之间的相对滑动量（即断层面上的位错量）；$\sigma_n$ 为断层面上的有效正应力；$d_0$ 为特征滑动量，表示从静摩擦系数下降到动摩擦系数所需要的滑动距离。该公式表示，处于闭锁状态的断层，当断层面上的剪切应力低于最大静摩擦力时，断层仍保持闭锁状态，但若断层两侧之间出现滑动，摩擦力就随着位错的增大而线性减小，一旦位错大小达到特征滑动量时，摩擦系数就减小为滑动摩擦系数（唐荣江和朱守彪，2020）。

在经典的滑移弱化摩擦本构关系中，当相对滑移距离达到特征滑移距离 $d_0$ 后，断层上的摩擦系数将维持动摩擦系数状态，这导致断层持续滑动，无法自停止，也无法继续积累能量，也就无法产生下一次地震（Duan and Oglesby，2005a、b）。为了能连续模拟出断层孕震—同震周期循环过程，袁杰等（2021）采用改进后的滑移弱化摩擦本构关系（Olsen et al.，2008；袁杰和朱守彪，2014；Yuan et al.，2020），在一次地震事件完成之后，使断层的摩擦系数将会再次强化，由动摩擦系数变为静摩擦系数。为保证计算过程的稳定、自洽，摩擦系数再次强化设置为一个缓慢平滑的过程，而不是直接由动摩擦系数重置为静摩擦系数（袁杰等，2021）。

速率弱化摩擦本构关系（Rate-Weakening law）描述了岩石在高速摩擦过程中，摩擦系数随着断层位错滑动的速率（简称滑动速率）的增大而减小的摩擦现象（Beeler et al.，1996；Fukuyama and Madariaga，1998）。速率弱化摩擦本构关系可表达为与滑移弱化关系类似的表达形式（Beeler et al.，2008）：

$$\tau=\begin{cases}\left[\mu_{\mathrm{f}}+(\mu_{\mathrm{s}}-\mu_{\mathrm{f}}\dfrac{v^{*}}{v}\right]\sigma_{\mathrm{n}} & v\geqslant v^{*}\\ \mu_{\mathrm{s}}\sigma_{\mathrm{n}} & v<v^{*}\end{cases}\tag{3.3}$$

式中，$v^*$ 为参考滑动速率，当断层滑动速率 $v$ 增大到超过或等于 $v^*$ 时，摩擦系数迅速下降到 $\mu_{\mathrm{f}}$，而当断层滑动速率减小时，摩擦系数又重新增大到 $\mu_{\mathrm{s}}$，这就可能使得断层逐步停止滑动，实现断层的自我愈合（Cochard and Madariaga，1994，1996），解决了滑移弱化摩擦本构关系中，断层无法自己停止的问题，从而在一定程度上可以实现地震周期的模拟。

速率–状态相依摩擦本构关系（Rate- and State- dependent model）是 Dieterich（1978，1979）和 Ruina（1983）提出的，是用速率和状态相关摩擦定律来描述断层滑动的复杂现象，指出正应力、滑动位移及滑移速率、摩擦系数之间为非线性关系。速率–状态摩擦本构关系还有若干更细致的描述，譬如老化定律（Rate- and State- dependent model：Aging law）（Dieterich，1978；Mair and Marone，1999），以及滑动定律（Rate- and State- dependent model：Slip law）（Ruina，1983）等。该摩擦关系是目前应用较为广泛的一种摩擦关系，譬如 Tse and Rice（1986）运用速率–状态相依摩擦本构关系进行了相关的数值计算，解释了地壳地震活动的深度范围可以通过摩擦响应随深度的变化来理解，Lapusta et al.（2000）用其模拟了地震的孕震—破裂—愈合周期。速率–状态相依摩擦本构关系中，瞬态摩擦力表示为：

$$\begin{cases}\tau=\left[\mu^{*}+a\ln\left(\dfrac{v}{v^{*}}\right)+b\ln\left(\dfrac{v^{*}\varphi}{L}\right)\right]\sigma_{\mathrm{n}}\\ \dfrac{\mathrm{d}\varphi}{\mathrm{d}t}=1-\dfrac{\varphi v}{L}\end{cases}\tag{3.4}$$

式中，$\tau$为剪应力；$\sigma_{\mathrm{n}}$ 为有效正应力；$L$ 是特征滑动量，但与上述的 $d_0$ 不同，$d_0$ 表示摩擦系数从 $\mu_{\mathrm{s}}$ 下降到 $\mu_{\mathrm{f}}$ 需要的滑动量，而 $L$ 表示控制状态量演化速率的特征长度。$\mu^*$ 为参考摩擦系数，即速率 $v=v^*$ 时的摩擦系数。$\varphi$ 为状态变量。$a$ 和 $b$ 是经验确定的参数，$a$ 代表瞬时速率敏感度，而 $a-b$ 代表长期速率敏感度。

除了上述描述摩擦弱化的本构关系外，现在人们也开始认识到摩擦增强在地震破裂中的作用。Sone 和 Shimamoto（2009）通过实验对断层摩擦的理解有了进一步发展。强受压条件下的断层是在摩擦弱化之前先产生摩擦增强，达到摩擦峰值的滑动距离要比我们在传统的摩擦实验（Ohnaka et al.，1989）中所得到的要大得多。摩擦的这种初始阶段增强的现象对地震断层的持续破裂产生阻碍作用，阻止大地震的后续破裂，并可能在决定断层破裂的最终方向上起到一定的控制作用（Lapusta，2009）。摩擦的减弱和回弹则表明在产生同震位移过程中，断层明显地发生了弱化，但是在达到最大滑动速率之后，断层很快回到了它固有的强度。Lapusta（2009）将这种摩擦增强后减弱的现象描述为“过山车”现象（The roller coaster of fault friction），认为摩擦依赖于滑动速率和滑动过程，最初阶段的摩擦增强可能可以用摩擦的直接影响来解释，之后的摩擦减弱和摩擦回弹则类似于状态演化作用。滑动后摩擦的不完全恢复可能源于延迟的状态演化效应。

无论是何种摩擦本构关系，都是用于描述断层摩擦过程中的某种现象，但是关注点不一样，描述了断层摩擦行为的不同阶段（Kato and Tullis，2001；Xing et al.，2007）。滑移弱化或速率弱化摩擦关系主要依赖于滑移过程，着重于破裂过程的描述，譬如从黏着状态转换到滑动状态的动态过程，但忽略了速度效应；而速率-状态相依摩擦本构关系描述了滑动过程中状态以及滑动速度的影响，但很难描述从闭锁状态到产生初始破裂的行为。

对于地震数值预测和地震相关数值模拟来说，如何使用这些摩擦本构关系，来准确地描述地震的孕震—破裂—愈合周期，是至关重要的。Xing et al.（2002a～c，2003，2006b，2007）导出了统一的数学公式，表述速度相关的摩擦接触中粘着和滑移不同的运动状态，计算在内外载荷作用下，模型内部的接触面上摩擦状态粘着和滑移两种状态及过程的变化特征，也就是地震及其轮回的孕育、发生的过程（详见第 2 章、第 5 章）。Lapusta et al.（2000）使用边界积分方程方法，使问题的维数降低一维，使得求解的自由度下降，将缓慢构造加载与弹性动力学结合起来，在一个单一的计算过程中，不仅精确处理数千年的加载间隔，也计算每一次地震发作，动态破裂前的初始地震加速滑移，破裂传播本身，随后的快速地震后变形，以及在速度增强的断层区加载期间持续的蠕滑。Barbot et al.（2012）利用该方法模拟了 San Andreas 断层的 Parkfield 段的地震周期，再现了该段 1966 年至 2004 年间发生的 $M_W6.0$ 以上所有地震事件的发生时刻、成核位置和震级大小，且都与实际记录的观测资料吻合。袁杰等（2021）基于 Newmark 隐式时间积分法，使用有限单元法，在不改变时间积分方法的情况下，实现了对时间步长进行自动平滑地缩放，进而可以连续的模拟准静态、动态不同力学状态下的孕震一同震循环过程。

**2. 断层不稳定性**

在使用连续介质模拟断层行为时，用于判定断层失稳的准则是最为重要的，直接决定了断层破裂的时间、应力状态和释放的应力。投射到地震周期中，则影响到地震孕震—破裂—愈合的整个周期，关系到地震的大小和影响范围。在固体的破坏和屈服的判据方面，目前使用较多的破裂准则有摩尔-库仑（Mohr-Coulomb）破裂准则、德鲁克·普拉格（Drucker Prager）屈服准则、最大正应力准则、屈特加（Tresca）准则、范·米塞斯（Van Mises）准则、统一断裂准则（椭圆断裂准则）等。

一般认为，弹性-摩擦变形材料属性的脆性岩石或材料，其破裂行为和破裂条件遵循摩尔-库仑破裂准则。库仑破裂准则是指：如果沿着潜在剪切破坏面上的剪应力等于或大于内聚力和摩擦阻力之和，受压材料就会发生剪切破坏。摩擦阻力由作用在潜在剪切破坏面上的法向应力产生，并且通过摩擦系数与正应力成比例。该准则已在岩石脆性变形、断层破裂和构造变形的物理模拟（陈竹新等，2019）和数值模拟中有广泛的应用。摩尔-库仑破裂准则的数学表达式为：

$$\tau = \mu\sigma + C \tag{3.5}$$

式中，$\tau$为施加于断面上的剪应力；$\sigma$ 为施加于断层面上的正向应力；$C$ 为黏聚强度；$\mu$ 为内摩擦系数，$\mu = \tan\phi$，$\phi$ 为内摩擦角。

王仁等（1980，1982a、b）、王仁（1994）根据摩尔-库仑破裂准则提出了断层“安全度”参数 $G$=（摩擦阻力-剪应力）/摩擦阻力，用以衡量断层的危险程度：当 $G$ 减小时，意味着危险增加，当 $G=0$ 时，断层可发生滑动。在其对华北地区地震的模拟中，用每次大地震能量释放后的区域安全度参数 $G$ 的空间分布与本次—下次大震之间的 5~6.9 级地震的空间分布进行对比，作为模拟的约束。

董培育等（2019，2020）基于摩尔-库仑破裂准则，利用计算所得的区域最大主应力 $P_{max}$ 与最小主应力 $P_{min}$ 之间的比值之间的关系来判断岩石是否达到破裂条件，根据岩层的内摩擦系数确定破裂临界的主应力比值，当 $P_{max}/P_{min}$ 大于等于该比值时，断层发生破裂。从震前初始应力场开始计算，判断某处应力是否超出其破裂临界值：若未达到破裂条件，则持续加载构造应力；若达到破裂条件，则 计算同震应力变化量，并将震后应力场设置为震前应力场减去同震应力变化量。在该次地震震后应力场基础上，震间继续加载构造应力，以及可能的应力扰动，直至下次地震，依次循环计算，重复大震序列中的每次地震。

孙云强和罗纲（2018）使用德鲁克·普拉格（Drucker Prager）屈服准则来判断断层是否发生地震。该准则为考虑静水压力影响的广义范·米塞斯（Van Mises）准则。当断层单元上的应力未达到屈服极限时，模型处于震间加载状态。随着持续的构造加载，断层单元应力增加。达到屈服极限时，则断层单元发生了地震。此时，通过降低该断层单元的内聚力使该断层单元的突然失稳，产生同震滑移。该地震结束后，失稳断层单元的内聚力立即恢复到原值，时间步也从同震期的 1 秒恢复到震间加载期的 10 年。因此，模型进入到该地震的震后黏弹性应力松弛期和一个地震的震间加载期，且模型向着下一个地震前进. 这个过程可以重复，由此模拟了地震循环。

除了上述自发破裂或是自动判定破裂的模拟方法之外，还有通过人工改变网格参数来实现地震的模拟，用以解释在一个地震序列中或者在一组地震中应力的转移，进而推测未来应力集中的区域，用于为地震预测提供应力背景。杨树新等（2012）用单元降刚法模拟中国大陆强震远距离跳迁及主体活动区域转移，即用减小剪切模量的方法模拟地震断层错动的效应，计算强震引起大范围兆帕量级的应力场调整，董培育等（2013）认为采用横向各向同性的“杀伤单元”（Wounded element）方法更适合用于计算断层同震破裂大小，即把达到破裂的断层单元的力学性质改为弱化了的横向各向同性物质，平行于断层剪切面的剪切模量降低，从而模拟断层发生时的错动和应力降，但垂直于断层面的杨氏模量不变，模拟法向应力基本不变。

## 3.2　关于基本方程

### 3.2.1　关于基本方程

利用数值模拟方法研究区域地震活动性需要建立研究区域数值计算模型，并结合研究区地质与地球物理资料，以实际观测数据为约束进行模拟计算。一般情况下，三维有限元模型的控制方程多采用黏弹性和黏弹塑性的本构方程。例如 Hu（2004）建立三维黏弹性有限元模型研究了 1960 年智利大地震的震后变形。Smith et al.（2004）建立三维线性黏弹性 Maxwell 模型研究随时间变化的地震周期。Hu et al.（2012）利用准静态 Maxwell 黏弹性模型研究历史地震、黏性松弛和构造载荷对 2008 年汶川地震的影响。黄禄渊等（2019）采用含地形起伏的黏弹性非均匀椭球型地球模型研究了汶川地震引起的同震—震后应力时空动态演化及其对 2017 年九寨沟 $M_S7.0$ 地震的影响。Huang et al.（2020a）利用优化的三维黏弹性有限元模型研究了 1964 年阿拉斯加 $M_W9.2$ 地震的震后形变过程。

因此，在研究震后形变和冰后回弹等中等时间尺度的地球动力学问题时，优先选择兼具弹性与黏性性质的黏弹性物理模型进行研究，常用的分别为 Maxwell 体、Kelvin 体、广义 Kelvin 体和 Burgers 体黏弹性模型（尹祥础，2011），孟秋在 2020 年系统性地推导了四种黏弹性体的三维本构方程（孟秋，2020），下文给出 Maxwell 体的本构方程，其他三种黏弹性本构方程的详细汇总见背景资料。

$$\{\dot{\boldsymbol{\varepsilon}}\} = [\mathbf{Q}_{\max}]\{\boldsymbol{\sigma}\} + [\mathbf{D}_{\max}]\{\dot{\boldsymbol{\sigma}}\} \tag{3.6}$$

式中，

$$\{\dot{\boldsymbol{\varepsilon}}\} = [\dot{\varepsilon}_{11}\quad \dot{\varepsilon}_{22}\quad \dot{\varepsilon}_{33}\quad \dot{\varepsilon}_{23}\quad \dot{\varepsilon}_{31}\quad \dot{\varepsilon}_{12}]^{\mathrm{T}} \tag{3.7}$$

$$\{\boldsymbol{\sigma}\} = [\sigma_{11}\quad \sigma_{22}\quad \sigma_{33}\quad \sigma_{23}\quad \sigma_{31}\quad \sigma_{12}]^{\mathrm{T}} \tag{3.8}$$

$$\{\dot{\boldsymbol{\sigma}}\} = [\dot{\sigma}_{11}\quad \dot{\sigma}_{22}\quad \dot{\sigma}_{33}\quad \dot{\sigma}_{23}\quad \dot{\sigma}_{31}\quad \dot{\sigma}_{12}]^{\mathrm{T}} \tag{3.9}$$

$$[\mathbf{Q}_{\max}]=\frac{1}{\eta}\begin{bmatrix}\frac{1}{3} & -\frac{1}{6} & -\frac{1}{6} & 0 & 0 & 0\\ -\frac{1}{6} & \frac{1}{3} & -\frac{1}{6} & 0 & 0 & 0\\ -\frac{1}{6} & -\frac{1}{6} & \frac{1}{3} & 0 & 0 & 0\\ 0 & 0 & 0 & \frac{1}{2} & 0 & 0\\ 0 & 0 & 0 & 0 & \frac{1}{2} & 0\\ 0 & 0 & 0 & 0 & 0 & \frac{1}{2}\end{bmatrix} \tag{3.10}$$

$$[\mathbf{D}_{\max}]=\frac{1}{E}\begin{bmatrix}1 & -\nu & -\nu & 0 & 0 & 0\\ -\nu & 1 & -\nu & 0 & 0 & 0\\ -\nu & -\nu & 1 & 0 & 0 & 0\\ 0 & 0 & 0 & 1+\nu & 0 & 0\\ 0 & 0 & 0 & 0 & 1+\nu & 0\\ 0 & 0 & 0 & 0 & 0 & 1+\nu\end{bmatrix} \tag{3.11}$$

这里，式（3.7）为应变张量 $\{\boldsymbol{\varepsilon}\}$ 对时间的导数，式（3.9）为应力张量 $\{\boldsymbol{\sigma}\}$ 对时间的导数。

然而，当模拟研究地震周期等相关问题时，地球介质的塑性性质也不容忽略，Li et al.（2009）首先开发了三维黏弹塑性有限元模型来模拟长期的断层稳态滑动，此后，众多学者利用该理论研究了目标区域的地震活动性问题（Luo et al.，2012，2018；孙云强等，2018）。

$$\{\mathrm{d}\sigma\}=([\widetilde{\mathbf{D}}]-[\mathbf{D_p}])\{\mathrm{d}\varepsilon\}+\{\mathrm{d}\widetilde{\sigma}\}-\{\mathrm{d}\widetilde{\sigma}_p\} \tag{3.12}$$

式中，

$$[\widetilde{\mathbf{D}}]=([\mathbf{D}]^{-1}+[\mathbf{Q}]^{-1}\mathrm{d}t)^{-1} \tag{3.13}$$

$$\{\mathrm{d}\widetilde{\sigma}\}=-[\widetilde{\mathbf{D}}][\mathbf{Q}]^{-1}\mathrm{d}t\{\sigma^{t-\mathrm{d}t}\} \tag{3.14}$$

$$[\mathbf{D_p}]=\frac{[\widetilde{\mathbf{D}}]\left\{\frac{\partial G}{\partial\sigma}\right\}\left\{\frac{\partial F}{\partial\sigma}\right\}^{\mathrm{T}}[\widetilde{\mathbf{D}}]}{\left\{\frac{\partial F}{\partial\sigma}\right\}^{\mathrm{T}}[\widetilde{\mathbf{D}}]\left\{\frac{\partial G}{\partial\sigma}\right\}} \tag{3.15}$$

$$\{\mathrm{d}\tilde{\sigma}_{\mathrm{p}}\} = \frac{[\tilde{\mathbf{D}}]\left\{\frac{\partial G}{\partial \sigma}\right\}\left\{\frac{\partial F}{\partial \sigma}\right\}^{\mathrm{T}}\{\mathrm{d}\tilde{\sigma}\}}{\left\{\frac{\partial F}{\partial \sigma}\right\}^{\mathrm{T}}[\tilde{\mathbf{D}}]\left\{\frac{\partial G}{\partial \sigma}\right\}} \tag{3.16}$$

$$[\mathbf{D}] = \frac{E}{(1+\nu)(1-2\nu)}\begin{bmatrix} 1-\nu & \nu & \nu & 0 & 0 & 0 \\ \nu & 1-\nu & \nu & 0 & 0 & 0 \\ \nu & \nu & 1-\nu & 0 & 0 & 0 \\ 0 & 0 & 0 & \frac{1}{2}-\nu & 0 & 0 \\ 0 & 0 & 0 & 0 & \frac{1}{2}-\nu & 0 \\ 0 & 0 & 0 & 0 & 0 & \frac{1}{2}-\nu \end{bmatrix} \tag{3.17}$$

$$[\mathbf{Q}]^{-1} = \frac{1}{\eta}\begin{bmatrix} \frac{1}{3} & -\frac{1}{6} & -\frac{1}{6} & 0 & 0 & 0 \\ -\frac{1}{6} & \frac{1}{3} & -\frac{1}{6} & 0 & 0 & 0 \\ -\frac{1}{6} & -\frac{1}{6} & \frac{1}{3} & 0 & 0 & 0 \\ 0 & 0 & 0 & 1 & 0 & 0 \\ 0 & 0 & 0 & 0 & 1 & 0 \\ 0 & 0 & 0 & 0 & 0 & 1 \end{bmatrix} \tag{3.18}$$

$$F = \alpha I_1 + \sqrt{J_2'} - k \tag{3.19}$$

$$\psi = \sqrt{J_2'} \tag{3.20}$$

式中，$I_1$ 为应力张量的第一不变量；$J_2'$为偏应力张量的第二不变量。$\alpha$ 和 $k$ 分别为内聚力和有效摩擦系数；$\psi$ 为塑性势函数。

**背景资料：黏弹性本构方程汇总**

除上文中提到的 Maxwell 体本构方程外，其他三种常见的黏弹性本构方程如下（孟秋，2020）。

1. Kelvin 体的本构方程为：

$$\{\boldsymbol{\sigma}\} = [\mathbf{D}_{\text{kel}}]\{\boldsymbol{\varepsilon}\} + [\mathbf{Q}_{\text{kel}}]\{\dot{\boldsymbol{\varepsilon}}\} \tag{1}$$

式中,

$$\{\dot{\boldsymbol{\varepsilon}}\} = [\dot{\varepsilon}_{11} \quad \dot{\varepsilon}_{22} \quad \dot{\varepsilon}_{33} \quad \dot{\varepsilon}_{23} \quad \dot{\varepsilon}_{31} \quad \dot{\varepsilon}_{12}]^{\mathrm{T}} \tag{2}$$

$$\{\boldsymbol{\sigma}\} = [\sigma_{11} \quad \sigma_{22} \quad \sigma_{33} \quad \sigma_{23} \quad \sigma_{31} \quad \sigma_{12}]^{\mathrm{T}} \tag{3}$$

$$\{\boldsymbol{\varepsilon}\} = [\varepsilon_{11} \quad \varepsilon_{22} \quad \varepsilon_{33} \quad \varepsilon_{23} \quad \varepsilon_{31} \quad \varepsilon_{12}]^{\mathrm{T}} \tag{4}$$

$$[\mathbf{D}_{\text{kel}}] = \frac{E}{1+\nu}\begin{bmatrix} \frac{1-\nu}{1-2\nu} & \frac{\nu}{1-2\nu} & \frac{\nu}{1-2\nu} & 0 & 0 & 0 \\ \frac{\nu}{1-2\nu} & \frac{1-\nu}{1-2\nu} & \frac{\nu}{1-2\nu} & 0 & 0 & 0 \\ \frac{\nu}{1-2\nu} & \frac{\nu}{1-2\nu} & \frac{1-\nu}{1-2\nu} & 0 & 0 & 0 \\ 0 & 0 & 0 & 1 & 0 & 0 \\ 0 & 0 & 0 & 0 & 1 & 0 \\ 0 & 0 & 0 & 0 & 0 & 1 \end{bmatrix} \tag{5}$$

$$[\mathbf{Q}_{\text{kel}}] = \eta\begin{bmatrix} \frac{4}{3} & -\frac{2}{3} & -\frac{2}{3} & 0 & 0 & 0 \\ -\frac{2}{3} & \frac{4}{3} & -\frac{2}{3} & 0 & 0 & 0 \\ -\frac{2}{3} & -\frac{2}{3} & \frac{4}{3} & 0 & 0 & 0 \\ 0 & 0 & 0 & 2 & 0 & 0 \\ 0 & 0 & 0 & 0 & 2 & 0 \\ 0 & 0 & 0 & 0 & 0 & 2 \end{bmatrix} \tag{6}$$

2. 广义 Kelvin 体的本构方程为:

$$\{\dot{\boldsymbol{\sigma}}\} + [\mathbf{P}_{\text{G-kel}}]\{\boldsymbol{\sigma}\} = [\mathbf{D}_{\text{G-kel}}]\{\boldsymbol{\varepsilon}\} + [\mathbf{Q}_{\text{G-kel}}]\{\dot{\boldsymbol{\varepsilon}}\} \tag{7}$$

式中,

$$\{\boldsymbol{\sigma}\} = [\sigma_{11} \quad \sigma_{22} \quad \sigma_{33} \quad \sigma_{23} \quad \sigma_{31} \quad \sigma_{12}]^{\mathrm{T}} \tag{8}$$

$$\{\boldsymbol{\varepsilon}\} = [\varepsilon_{11} \quad \varepsilon_{22} \quad \varepsilon_{33} \quad \varepsilon_{23} \quad \varepsilon_{31} \quad \varepsilon_{12}]^{\mathrm{T}} \tag{9}$$

$$\{\dot{\boldsymbol{\varepsilon}}\} = [\dot{\varepsilon}_{11} \quad \dot{\varepsilon}_{22} \quad \dot{\varepsilon}_{33} \quad \dot{\varepsilon}_{23} \quad \dot{\varepsilon}_{31} \quad \dot{\varepsilon}_{12}]^{\mathrm{T}} \tag{10}$$

$$\{\dot{\boldsymbol{\sigma}}\} = [\dot{\sigma}_{11} \quad \dot{\sigma}_{22} \quad \dot{\sigma}_{33} \quad \dot{\sigma}_{23} \quad \dot{\sigma}_{31} \quad \dot{\sigma}_{12}]^{\mathrm{T}} \tag{11}$$

$$[\mathbf{P}_{\text{G-kel}}] = \frac{G_1+G_2}{\eta_2}\begin{bmatrix} \frac{2}{3} & -\frac{1}{3} & -\frac{1}{3} & 0 & 0 & 0 \\ -\frac{1}{3} & \frac{2}{3} & -\frac{1}{3} & 0 & 0 & 0 \\ -\frac{1}{3} & -\frac{1}{3} & \frac{2}{3} & 0 & 0 & 0 \\ 0 & 0 & 0 & 1 & 0 & 0 \\ 0 & 0 & 0 & 0 & 1 & 0 \\ 0 & 0 & 0 & 0 & 0 & 1 \end{bmatrix} \tag{12}$$

$$[\mathbf{D}_{\text{G-kel}}] = \frac{2G_1G_2}{\eta_2}\begin{bmatrix} \frac{2}{3} & -\frac{1}{3} & -\frac{1}{3} & 0 & 0 & 0 \\ -\frac{1}{3} & \frac{2}{3} & -\frac{1}{3} & 0 & 0 & 0 \\ -\frac{1}{3} & -\frac{1}{3} & \frac{2}{3} & 0 & 0 & 0 \\ 0 & 0 & 0 & 1 & 0 & 0 \\ 0 & 0 & 0 & 0 & 1 & 0 \\ 0 & 0 & 0 & 0 & 0 & 1 \end{bmatrix} \tag{13}$$

$$[\mathbf{Q}_{\text{G-kel}}] = 2G_1\begin{bmatrix} \frac{K}{2G_1}+\frac{2}{3} & \frac{K}{2G_1}-\frac{1}{3} & \frac{K}{2G_1}-\frac{1}{3} & 0 & 0 & 0 \\ \frac{K}{2G_1}-\frac{1}{3} & \frac{K}{2G_1}+\frac{2}{3} & \frac{K}{2G_1}-\frac{1}{3} & 0 & 0 & 0 \\ \frac{K}{2G_1}-\frac{1}{3} & \frac{K}{2G_1}-\frac{1}{3} & \frac{K}{2G_1}+\frac{2}{3} & 0 & 0 & 0 \\ 0 & 0 & 0 & 1 & 0 & 0 \\ 0 & 0 & 0 & 0 & 1 & 0 \\ 0 & 0 & 0 & 0 & 0 & 1 \end{bmatrix} \tag{14}$$

3. Burgers 体的本构方程为：

$$\{\ddot{\boldsymbol{\sigma}}\} + [\mathbf{L}_{\text{bur}}]\{\dot{\boldsymbol{\sigma}}\} + [\mathbf{M}_{\text{bur}}]\{\boldsymbol{\sigma}\} = [\mathbf{N}_{\text{bur}}]\{\ddot{\boldsymbol{\varepsilon}}\} + [\mathbf{Q}_{\text{bur}}]\{\dot{\boldsymbol{\varepsilon}}\} \tag{15}$$

$$\{\boldsymbol{\sigma}\} = [\sigma_{11} \quad \sigma_{22} \quad \sigma_{33} \quad \sigma_{23} \quad \sigma_{31} \quad \sigma_{12}]^{\mathrm{T}} \tag{16}$$

$$\{\dot{\boldsymbol{\sigma}}\} = [\dot{\sigma}_{11} \quad \dot{\sigma}_{22} \quad \dot{\sigma}_{33} \quad \dot{\sigma}_{23} \quad \dot{\sigma}_{31} \quad \dot{\sigma}_{12}]^{\mathrm{T}} \tag{17}$$

$$\{\dot{\boldsymbol{\varepsilon}}\} = [\dot{\varepsilon}_{11} \quad \dot{\varepsilon}_{22} \quad \dot{\varepsilon}_{33} \quad \dot{\varepsilon}_{23} \quad \dot{\varepsilon}_{31} \quad \dot{\varepsilon}_{12}]^{\mathrm{T}} \tag{18}$$

$$\{\ddot{\boldsymbol{\sigma}}\} = [\ddot{\sigma}_{11} \quad \ddot{\sigma}_{22} \quad \ddot{\sigma}_{33} \quad \ddot{\sigma}_{23} \quad \ddot{\sigma}_{31} \quad \ddot{\sigma}_{12}]^{\mathrm{T}} \tag{19}$$

$$\{\ddot{\boldsymbol{\varepsilon}}\} = [\ddot{\varepsilon}_{11} \quad \ddot{\varepsilon}_{22} \quad \ddot{\varepsilon}_{33} \quad \ddot{\varepsilon}_{23} \quad \ddot{\varepsilon}_{31} \quad \ddot{\varepsilon}_{12}]^{\mathrm{T}} \tag{20}$$

$$[\mathbf{L}_{\text{bur}}] = \left(\frac{G_1 + G_2}{\eta_2} + \frac{G_1}{\eta_1}\right)\begin{bmatrix} \frac{2}{3} & -\frac{1}{3} & -\frac{1}{3} & 0 & 0 & 0 \\ -\frac{1}{3} & \frac{2}{3} & -\frac{1}{3} & 0 & 0 & 0 \\ -\frac{1}{3} & -\frac{1}{3} & \frac{2}{3} & 0 & 0 & 0 \\ 0 & 0 & 0 & 1 & 0 & 0 \\ 0 & 0 & 0 & 0 & 1 & 0 \\ 0 & 0 & 0 & 0 & 0 & 1 \end{bmatrix} \tag{21}$$

$$[\mathbf{M}_{\text{bur}}] = \frac{G_1 G_2}{\eta_1 \eta_2}\begin{bmatrix} \frac{2}{3} & -\frac{1}{3} & -\frac{1}{3} & 0 & 0 & 0 \\ -\frac{1}{3} & \frac{2}{3} & -\frac{1}{3} & 0 & 0 & 0 \\ -\frac{1}{3} & -\frac{1}{3} & \frac{2}{3} & 0 & 0 & 0 \\ 0 & 0 & 0 & 1 & 0 & 0 \\ 0 & 0 & 0 & 0 & 1 & 0 \\ 0 & 0 & 0 & 0 & 0 & 1 \end{bmatrix} \tag{22}$$

$$[\mathbf{N}_{\text{bur}}] = 2G_1 \begin{bmatrix} \frac{K}{2G_1}+\frac{2}{3} & \frac{K}{2G_1}-\frac{1}{3} & \frac{K}{2G_1}-\frac{1}{3} & 0 & 0 & 0 \\ \frac{K}{2G_1}-\frac{1}{3} & \frac{K}{2G_1}+\frac{2}{3} & \frac{K}{2G_1}-\frac{1}{3} & 0 & 0 & 0 \\ \frac{K}{2G_1}-\frac{1}{3} & \frac{K}{2G_1}-\frac{1}{3} & \frac{K}{2G_1}+\frac{2}{3} & 0 & 0 & 0 \\ 0 & 0 & 0 & 1 & 0 & 0 \\ 0 & 0 & 0 & 0 & 1 & 0 \\ 0 & 0 & 0 & 0 & 0 & 1 \end{bmatrix} \tag{23}$$

$$[\mathbf{Q}_{\text{bur}}] = \frac{2G_1G_2}{\eta_2} \begin{bmatrix} \frac{2}{3} & -\frac{1}{3} & -\frac{1}{3} & 0 & 0 & 0 \\ -\frac{1}{3} & \frac{2}{3} & -\frac{1}{3} & 0 & 0 & 0 \\ -\frac{1}{3} & -\frac{1}{3} & \frac{2}{3} & 0 & 0 & 0 \\ 0 & 0 & 0 & 1 & 0 & 0 \\ 0 & 0 & 0 & 0 & 1 & 0 \\ 0 & 0 & 0 & 0 & 0 & 1 \end{bmatrix} \tag{24}$$

这里，式（19）为应力张量 $\{\boldsymbol{\sigma}\}$ 对时间的二次导数，式（20）为应变张量 $\{\boldsymbol{\varepsilon}\}$ 对时间的二次导数。

**参考文献**

孟秋，2020. 黏弹性有限元程序自主开发及其在冰载荷作用下的地表变形和地震迁移的应用研究．硕士学位论文．北京：中国科学院大学．

### 3.2.2　关于断层

数值模拟时，对于模型中断层物性特征和破裂过程的处理方法一般有以下几种：

（1）杀伤单元法：是降低高应力单元的刚度来模拟应力释放、地震发生的一种数值模拟方法。Wolf et al.（1996）研究表明，将断裂带的介质看作横观各向同性的物质更为合理，所以在模拟断裂带破裂的情况时，将平行于断层单元的剪切模量 $G_2$ 降低，垂直于断层单元的杨氏模量 $E$ 不变，则可模拟断裂带在同震期间于断层走向方向所发生的同震位移变化与应力变化。该方法可以有效处理断裂带的破裂问题，适用于地震触发和应力演化等相关研究（Hu et al.，2013，2012，2009）。

（2）分裂节点法：Melosh 和 Raefsky（1981）在处理断层时提出了一种分裂节点方法，

此方法是在 Jungels 和 Frazier（1973）提出的“分裂节点技术”上进行了修正。在该方法中，两个单元共享的单个节点处的位移值取决于选择的单元，因此在两个单元之间引入了位移不连续，来模拟地震同震位错的产生。

（3）摩擦接触法：当断层两个表面相互接触时，会在接触区域的某些部分发生黏着现象。随着时间的变化，断层面会发生形变和位移，引起断层面上应力的改变。常见的摩擦本构关系主要有两种：速度相关和速度-状态相关（Andrews，1976；Dieterich，1979；Ruina，1983；Marone，1998；Ohnaka et al.，1999），详见 3.1.4 节。Xing et al.（2002a、b，2003）结合上述两种关系，建立了适用于断层的摩擦方程，该方程可以完整描述整个地震过程断层的黏着-滑移运动状态，详见第 5 章。

## 3.3　关于算法和软件

对于地震预测问题，目前科研界常用的软件主要分为商业软件，开源程序和自主研发三大方向，三个方向各有优势。商业软件由专业软件公司开发，经过大量客户实际测试，因此使用手册完备，易于交互，使用门槛较低，软件不易出错。但目前商业软件尚不能满足对地震预测等问题的深入研究，并且大多数商业软件的并行版本使用费用较高。开源软件大多数由地学科研人员参与开发，因此往往对某一具体地学问题有较好的研究效果，使用者可根据文档手册学习运用。但因开发人员的更新迭代，使用手册的完整性较差，因此往往需要使用者具有一定的编程基础。若研究者自主开发程序进行地震数值预测等问题的研究，则通常需要同时对数值模拟算法和软件开发具备较高的水平，难度较大，因此仅有少数研究者从事这一方向。下面介绍几个数值模拟中常用的商业软件和开源程序。

**商业软件：**

（1）ABAQUS：ABAQUS 是工程界常用的有限元软件，解决范围从线性分析到非线性问题，包含一套完整的前处理、有限元计算、后处理软件模块。常用于结构分析、热传导、质量扩散、热电耦合分析、声学分析、岩土力学分析等领域。是目前地学数值模拟中常用的有限元模拟软件。

（2）COMSOL：COMSOL Multiphysics 是一款大型高级数值仿真软件。应用于各个领域的科学研究及工程计算，模拟科学和工程领域的各种物理过程。其以有限元法为基础，通过求解偏微分方程（组）来实现真实物理现象的仿真，覆盖范围从流体流动、热传导、结构力学、电磁分析等多种物理场，易于扩展。在多物理场耦合和电磁场模拟方向得到广泛的应用。

**开源程序：**

表 3.1 给出了地学领域常用的开源程序，感兴趣的读者可以继续深入学习，这里则不一一赘述了。

**表 3.1　地学领域常用开源程序**

| 开源程序 | 计算方法 | 开发人员 | 国家 |
|---|---|---|---|
| CGFDM | 有限差分法 | 南方科技大学 | 中国 |
| SpecFEM3D | 谱元法 | 普林斯顿大学 | 美国 |
| SeisSol | 间断伽辽金法 | 慕尼黑大学 | 德国 |
| MatDEM | 离散元方法 | 南京大学 | 中国 |

**背景资料：数值计算能力的历史发展**

1900~2020 年，每秒钟的计算次数增加了大约 20 个数量级。以 1946 年投入使用的第一台通用电子计算机 ENIAC 作为基准，它使用了大约 2 万根真空三极管，面积 $167m^2$，耗电 150kW，计算能力为每秒钟 5000 次加减法（20 位的十进制数）。1954 年，贝尔实验室开发了第一台晶体管化的计算机 TRADIC，使用了大约 700 个晶体管和 1 万个锗二极管，每秒钟可以执行 100 万次逻辑操作，功率仅为 100W。1955 年，IBM 公司开发了包含 2000 个晶体管的商用计算机。1976 年，克雷公司推出了 Cray-1 超级计算机，运算速度达到了惊人的 2.5 亿次。

2016 年，“神威（太湖之光”夺得超级计算机世界排行榜的第一名，每秒钟可以实现 9 亿亿次运算。2021 年日本的“富岳”每秒钟计算能力 45 亿次，中国的“神威（太湖之光”和“天河三号”运算能力达到了每秒钟 100 亿亿次，属于所谓的“E 级计算机”（1E＝每秒钟 100 亿亿次）。

**参考文献**

姬扬，2022. 计算能力的摩尔定律. 物理，51（5）：365-366.

## 3.4　关于边条件和初条件

数值模拟计算数学本质是（非）线性方程组的求解问题，边界条件是指在求解区域边界上所求解的变量或其导数随时间和位置的变化规律，是方程组有确定解的前提。主要分为第一类边界条件（Dirichlet boundary）、第二类边界条件（Beumann boundary）和第三类边界条件。初值条件则是求解区域在初始时间时未知量的初值。

然而，在地学领域中，给定初始时刻地壳内各点的应力值几乎是无法完成的任务，石耀霖等（2018）提出给定初始应力两种情况的尝试方法：首先对于已发生过大地震的特定部位，由于地震破裂时应力应该达到了断层强度，所以如果对构造应力增加速率和断层强度有大致了解，则可以在忽略其他历史地震对该部位应力影响的条件下，从地震时向前反推出模拟时间起点时的大致应力状态。其次对于没有发生过大地震的绝大多数地方，因其一直未发生地震，应力上限应低于一定的水平，地壳系统应力总体可能处于亚临界状态，因此预期不会太低，可以指定一个合理的地壳应力下限，当随机生成成千上万个不同状态的初始应力，并且都能重现历史地震序列时，其预测结果的集合就有可能提供我们对未来地震活动的概率估计。董培育（2015）已经在二维模拟中进行了这一试验。

## 3.5　关于产出

### 3.5.1　库仑破裂应力

Chinnery（1963）对走滑断层相应位移场的应力分布的研究，拉开了库仑破裂应力和地震应力触发关系研究的序幕，相关研究受到持续而广泛的关注。许多震例表明，大地震后库仑应力的变化与后续地震活动有促进作用，很小的静态库仑应力变化就可能对地震活动性、地震的时空分布产生较大的影响（Rollins and Stein，2010；徐晶等，2013）。大多数库仑破裂应力增加地区的地震活动增强，相对的，库仑破裂应力减小地区的地震活动减弱（Reasenberg et al.，1992；Hardebeck et al.，1998；Toda et al.，1998）。众多关于库仑破裂应力的认知，为地震预测提供了一种快速估算地震危险性变化的方法：即强震产生的应力场的动态和静态扰动，可用于估计和预测其后余震的时空分布，推测处于临界状态地区的远程小震活动（可库仑破裂应力瞬时触发小震和改变小震发生率），并计算周边区域活动断层上强震发生时间的提前或推迟（地震紧迫性）（李玉江等，2009；许才军等，2012）。

Okada（1985，1992）给出了均匀半无限空间同震位移和应力场的解析解，成为研究同震位错变化等相关问题的基础。使用Okada（1985，1992）的均匀半无限空间同震位移模型进行计算的Coulomb程序（https：//www.usgs.gov/node/279387）（Lin and Stein，2004；Toda，2005），以及Wang et al.（2006）在这个基础上发展起来的可以计算任意水平分层弹性和黏弹性的位错同震和震后形变的解析解计算程序EDGRN/EDCMP是国内外使用非常广泛的计算库仑应力的程序，还有一些传播范围较小的库仑应力计算程序，譬如汪建军（2010）。这些计算均属于解析或半解析方法，具有计算快、计算结果精确等优点。

利用有限元、有限差分、等效体力等方法模拟强震的影响可以考虑更多的因素，引入更多的数据（譬如地形、Moho面起伏、地球介质横向不均匀性、球形地球模型、地球黏滞性的作用、地球曲率和分层构造、三维横向不均匀等），可模拟分析各种因素对库仑应力变化的大小和分布的影响，获得更接近实际的结果，但是计算效率和建模效率不如解析或半解析方法。譬如刘雷等（2021）通过构建巴颜喀拉块体东部及邻区三维黏弹性有限元模型，计算了1947年达日7.7级地震引起巴颜喀拉块体边界断裂带上的库仑应力变化，认为该地震使得1955年康定、1963年阿兰湖和2008年汶川地震的发震时间分别提前了约13.4年、40.6年和49.5年。

从强震预测来说，库仑破裂应力只能计算地震造成的变化量，相应地，只能计算出强震时间的时间变化量，即强震发生的紧迫程度（或离逝时间）的变化，在一定程度上能够指明哪些断层/区域发生地震的可能性会增加，但并不能指明地震危险性的绝对值。针对这个问题，大致上有三种发展方向：①对尽可能多的强震产生的库仑应力进行计算，获取这些强震对区域或断层产生累积库仑应力，力求重现一个地震周期或地震成组活动期内的应力演化，譬如 Shao（2016）计算了中国西南鲜水河断裂带自 1816 年以来发生的 6.7 级地震的同震位错和震后黏弹性松弛引起的震间库仑应力积累和库仑应力变化，估计了不同断裂带的背景地震活动性和未来地震概率；石富强等（2020）计算了华北地区 1303 年以来 6.5 级以上地震引起的同震和震后库仑应力演化，对华北地区强震的成组活动进行了触发分析；②改进库仑应力计算模型，与其他物理模型结合起来，实现带有一定绝对物理计算值的库仑应力估计，譬如 Dahm and Hainzl（2022）将库仑应力计算与速率-状态相依摩擦本构关系（Rate-and-state model）（Dieterich，1994）结合起来，用依赖于绝对应力值的平均失效时间（time-to-failure）来取代常规库仑应力计算中的瞬态触发（instantaneous triggering），进行时间相依的地震预测（Time-Dependent Earthquake Forecasts）；③将库仑应力与古地震探勘、大地形变测量等反演得到的断层滑动速率和离逝时间联系起来，用库仑应力计算累积应力或累积速率，进行强震危险性的估算（Smith and Sandwell，2003；汪建军，2010；许才军等，2012）

## 3.5.2 断层摩擦行为与地震发生率

### 1. 断层摩擦行为

使用不同的摩擦本构关系，能够对一个地震周期内断层摩擦行为的不同方面进行精确的计算。如上述 3.1.4 节对摩擦行为的描述，断层摩擦行为的数值模拟能计算出应力降、断层不稳定性、黏滑活动周期规律、断层自愈、动态破裂过程、应力时空演化等结果（何昌荣，1999），为地震数值预测中断层最大震级估计、潜在地震危险区圈定、强震迁移预判、地震紧迫程度等预测提供具有物理意义的科学支撑（石耀霖，2018；石耀霖和胡才博，2021）。随着技术的发展和研究的深入，模拟的对象不仅有单一的平直断层（Andrews，1976；Tse and Rice，1986；Lapusta et al.，2000；Barbot，2012）、有几何形态变化的单断层（Zhang and Chen，2006a、b；朱守彪等，2008），也有多条平直断层（Aochi et al.，2000；董森和张海明，2019）、复杂的断层系统等（Xing et al.，2007；姚琪等，2018a、b），模拟的情境越来越接近现实的地质构造和地震过程。

虽然断层摩擦行为的模拟已有一些内部和商业代码用于模拟与地震有关的摩擦现象，但是目前绝大部分通用的有限元模拟软件对摩擦接触方面的计算还是着重于机械工程行业，较少用于模拟基于摩擦接触的断层/地震行为。仅有一些相关研究采用这些商业软件进行尝试，如用 ANSYS（邓志辉等，2011a、b；王凯英和马瑾，2004；薛霆虓等，2009；吴萍萍等，2014）和 ABAQUS（范桃园等，2014）来模拟断层行为，但是模拟中摩擦系数多简单取为常数。由于机械工程行业常采用润滑剂降低界面摩擦系数，避免加工面发生划痕损伤同时降低能耗，摩擦系数一般最大为 0.1 左右。而断层上的静态摩擦系数一般在 0.6 以上，而且摩擦系数在摩擦失稳/地震发生时会急速下降到 0.1，而非一个常数。由此导致的高度非线性问题使得目前的商业化软件（如 ANSYS、ABAQUS、MSC-MARC 和 ADINA 等）计算稳定性和收敛性遇到了巨大的挑战（邢会林等，2022）。表 3.2 给出了常用商业程序用有关摩擦部分的处理方法，以供感兴趣的读者进一步了解。

**表 3.2　摩擦接触问题有限元软件综述（据邢会林等（2022））**

| | ABAQUS | ADINA | ANSYS | MSC MARC | GEOFEM | ITAS3D |
|---|---|---|---|---|---|---|
| 拉格朗日乘数法[①] | 是，在正常接触方向 | 否 | 否 | 仅接触单元 | 否 | 否 |
| 罚函数法[②] | 是，在切线方向 | 是（约束函数） | 否 | 否 | 否 | 是 |
| 增广拉格朗日方法[③] | 否 | 否 | 是 | 否 | 是 | 否 |
| 直接约束方法 | 否 | 否 | 否 | 是 | 否 | 否 |
| Mohr-Coulomb 摩擦模型 | 是 | 是 | 是 | 是 | 是 | 是 |
| 隐式算法 | 是 | 是 | 是 | 是 | 是 | 否 |
| 显式算法 | 否 | 否 | 否 | 否 | 否 | 是 |
| 常量 $\mu$ | 是 | 是 | 是 | 是 | 是 | 是 |
| 变量 $\mu$ | 用户子程序 | 用户子程序? | 用户子程序? | 用户子程序 | | 否 |
| 稀疏直接求解器 | 是 | 是 | 是 | 是 | 否 | 是 |
| 迭代求解器 | 否[④] | 否[④] | 否[④] | 否[④] | 是 | 否[④] |
| 收敛性 | 是 | 是 | 是 | 是 | 是 | 否 |
| 开发者 | HKS[⑤] | ADINA[⑥] | ANSYS[⑦] | MSC[⑧] | RIST[⑨] | RIKEN[⑩] |

注：①关于拉格朗日乘数法，参见 Zhong（1993）。

②关于罚函数法，参见 Pires and Oden（1983）。

③关于增广拉格朗日方法，参见 Simo and Laursen（1992）。

④这些软件中可能有迭代求解器，但通常不用于摩擦接触问题。

⑤HKS 和 ABAQUS，参见 http：//www. hks. com。

⑥ADINA，参见 http：//www. adina. com。

⑦ANSYS，参见 http：//www. ansys. com。

⑧MARC 软件最初是由 MARC 公司开发和拥有的，现在归 MSC 所有，参见 http：//www. mscsoft. com. http：//www. mscsoft. com。

⑨GeoFEM 是在日本文部科学省的支持下，在 RIST 为国家优先科学项目——地球模拟器开发的，参见 http：//geofem. rist. or. jp。它针对地球模拟器超级计算机上基于有限元的大规模并行计算。

⑩ITAS3D 是由 RIKEN 开发的，用于有限元建模（1990~2001 年）（在日本板料成形研究小组的支持下，该小组包括丰田、日产、新日铁、IBM 日本、NKK、三菱等 31 家日本著名公司和 RIKEN 研究所（RIKEN——物理和化学研究所，参见 http：//www. riken. jp）。它由 RIKEN 风险公司 ASTOM（http：//www. astom. co. jp）进一步开发、更名和商业化。ITAS3D 侧重于金属成形，即变形体与一个或多个刚性工具之间的接触问题，它不能应用于模拟断层系统。然而，它是第一个使用静态显式时间积分算法的行业增强/商业代码，因此在这里列出。

**2. 地震发生率**

地震发生率的概念来源于地震活动特征的统计，是指地震年平均发生率，即一定范围内平均一年内发生某一震级范围内地震的个数。一般用各潜在震源区的历史地震资料进行统计，或用面积分配的方法把较大区域的地震年平均发生率分配到各潜在的震源区（高孟潭，1988）。对理想地震目录，即具有记录时间无限长，记录了所有发生的地震的目录，可以视为反映了地震时间过程中各态历经的平稳随机过程，但是实际地震目录仅能反应随机的非平稳的地震时间过程（陈凌，1998）。

从断层受力状态变化与地震的关系是地震数值预测的关键物理问题之一（马腾飞和吴忠良，2013），Dieterich（1994）给出了断层状态与地震发生率的关系，被广泛应用于各种构造环境下的地震触发。该模型将地震活动性视为一系列地震成核事件，利用不稳定断层滑移在断层上的成核来实现地震破裂，其断层性质与实验推导的速率和状态相关，以此推导出由断层应力演化历史产生的地震发生率，其一般状态变量本构公式如下：

$$R = \frac{r\dot{\tau} / \dot{\tau}_{\mathrm{r}}}{\left[\frac{\dot{\tau}}{\dot{\tau}_{\mathrm{r}}}\exp\left(\frac{-\Delta\tau}{A\sigma_{\mathrm{n}}}\right) - 1\right]\exp\left[\frac{-t}{t_{\mathrm{a}}}\right] + 1} \qquad \dot{\tau} \neq 0 \tag{3.21}$$

以及

$$R = \frac{r}{\exp\left(\frac{-\Delta\tau}{A\sigma_{\mathrm{n}}}\right) + t\dot{\tau}_{\mathrm{r}}/A\sigma_{\mathrm{n}}} \qquad \dot{\tau} = 0 \tag{3.22}$$

$$R = \frac{r}{\dot{\tau}_{\mathrm{r}}\varphi} \tag{3.23}$$

$$\dot{\varphi} = \frac{1}{A\sigma_{\mathrm{n}}}\left[1 - \varphi\dot{\tau} + \varphi\left(\frac{\tau}{\sigma_{\mathrm{n}}} - o\right)\dot{\sigma}_{\mathrm{n}}\right] \tag{3.24}$$

$$t_{\mathrm{a}} = \frac{A\sigma_{\mathrm{n}}}{\dot{\tau}} \tag{3.25}$$

式中，$R$ 为地震发生率；$r$ 为背景地震活动率；$\dot{\tau}$为剪切应力变化率；$\dot{\tau}_t$ 为背景应力变化率；$\varphi$ 是状态变量；$A$ 是有关瞬时滑移率变化与摩擦力的本构参数；$o$ 为将正常应力的变化与摩擦力联系起来的本构参数；$\Delta\tau$为断层上的应力变化；$\sigma_{\mathrm{n}}$ 为有效正应力；$t_{\mathrm{a}}$ 表示地震活动恢复到“正常背景”所需的时间；$t$ 为距断层受力状态突然变化（即临近地区地震）的时间。

Dieterich（1994）指出，该模型符合地震活动的大森衰减公式，在模拟聚类现象方面具有相当的优势，有可能使用这个公式来估计周缘强震地震发生后，区域短期到中期地震概率。该模型在各种构造环境下的地震触发和地震概率计算中得到了广泛应用。譬如 Stein et al.（1997）在计算 1939~1992 年期间北安纳托利亚断层（土耳其）10 次 6.7 级以上地震之间的触发关系时，用该模型将计算得到的应力变化转化为地震概率增益，其中包含了突然应力变化的永久性和暂时性影响。邵志刚等（2010）在分析 2008 年汶川地震对周边断层地震活动影响时，基于强震引起的库仑应力变化动态演化，结合背景地震发生率，采用 Dieterich（1994）模型计算了地震发生概率。Mancini et al.（2020）在对 2019 年 Ridgecrest（加利福尼亚州）地震序列进行概率预测回溯实验的时候，就采用了该模型来将静态库仑应力变化与由速率和状态摩擦定律表示的连续介质力学结合起来的方法进行概率预测。

Heimisson 和 Segall（2018）对 Dieterich（1994）的基于速率-状态摩擦导出的地震本构律进行了进一步的发展，对于任意应力历史，给出了累积事件数和地震活动性的简单积分表达式，如下：

$$\frac{R}{r}=[(e^{-\Delta\tau/A\sigma_0}-1)e^{-t/t_a}+1]^{-1} \tag{3.26}$$

该式与 Dieterich（1994）的模型在极限状态下保持了一致。该表达式不明显依赖于强调历史的时间导数，表达上更为简单，使得研究人员更容易应用到相关的地震评估中。

### 3.5.3 概率表达

传统的地震预测需要提出包含地震发生时间、地震震中位置和地震强度的预测意见。由于这种预测意见包含的要素是确定性的，与地震研究的多参数和不确定性构成了较大的矛盾，导致预测意见的可靠性充满争议，且不具有可重复性。目前，应对这种确定性预测意见的途径主要有两种：一种是用概率来进行预测结果的表达，比如意大利的“可操作的地震预测”（Operational earthquake forecasting）和美国的“统一的加州地震破裂预测系统”（Uniform California earthquake rupture forecast），均采用概率的形式表达预测结果，即给出一段时间内某区域发生某一震级范围地震的概率；另一种是对预测意见中的时间、震中位置、震级这三个要素，用一定的容差范围来表达，譬如对某一震级范围内的地震进行预测，预测其发生时间是在某一个时间段内，预测其地点在某一空间范围内（某一经纬度范围内，或以某地为圆心，直径若干千米的圆内），这也是对确定性预测意见的改进，国内目前在地震预测业务内多采用这种方式来给出预测意见。

对地震数值预测来说，由于地震相关的数值计算中牵涉到众多参数，将会导致众多的计算结果，譬如 Field et al.（2015a、b）指出 UCERF3.0 中的时间无关模型有 1440 个逻辑分支，而时间相关模型具有 5760 个逻辑分支，因此最后 UCERF 展示出的概率表达结果是对这些计算分支结果，叠加上了不同权重的平均值。因此，对地震数值预测来说，预测结果应以概率或与概率相关的形式来定量表达不同时间段，或者不同区域的地震危险程度的差异，而不是同时直接给出未来地震的时间、空间、震级的确定性预测意见。

### 3.5.4 预测效能的评价问题

日本统计学家赤池弘次创立和发展的 AIC 信息准则（Akaike information criterion），又称赤池信息量准则，是衡量统计模型拟合优良性（Goodness of fit）的一种标准（Akaike,

1974)，其表达形式为：

$$AIC = -2\lg\theta + 2p \tag{3.27}$$

式中，$\theta$ 表示模型的最大似然函数，$p$ 表示预测模型的自由度。AIC 数值越小，表示模型的预测效果越好。研究结果显示，相比 BIC（Bayesian information criterion）评估方法，AIC 准则更适合对针对复杂系统的预测模型进行评估（Chakrabarti and Ghosh，2011）。这一准则最初主要针对时间序列分析的问题提出，这里可以直接用来对数值统计预测和数值经验问题进行评估，但应用于数值物理预测的评估中时，需要注意几个细节上的问题（Wu，2022）。AIC 准则中代表模型似然函数部分的参数 $\theta$ 主要用来对比模型预测与实际场景的匹配程度，对于数值物理预测问题，根据预测目标的不同，预测模型相应地将有不同的产出。因此，根据不同的应用场景，对模型产出结果的评估也会有相应的变化：(1) 对于针对统计预测的数值物理模型，其中最重要的产出之一则是模拟地震目录，其在克服模型学习过程中面对的大地震样本不足的问题上发挥着重要作用。拟合得出的地震目录与实际情况在多大程度上是相似的，这一问题则是模型拟合过程需要解决的重要内容（Zhao et al.，2022b）。(2) 对于针对经验预测问题的数值物理模型，最重要的产出之一则是找到最可能的前兆，比如在某些出现了库伦破裂应力升高的区域，同时也可以观察到不同类型的前兆现象（Bowman and King，2001），这种模型产出的似然函数可以使用产出的应力变化和实际场景之间的对比来表达。然而对于这种类型的产出，大多数情况仍然为非直接的观测证据。(3) 对于针对物理预测的数值物理模型，需要考虑三种场景：①模型产出为地震活动或变形的发生率或者图像，对于这种模型预测和实际情况之间的比较是比较简单的（Field，2007a）。②模型结果为基于某些标准得出的概率升高的警报区域。针对这种模型的评估不仅需要考虑成功预报的情况，也不能忽视虚报的情况（Molchan，2010）。③模型预测得出的地震发生顺序，如在某些特定的区域和时间范围内，一个地震往往倾向于在另一个地震之后发生。在这种场景中，模型主要需要考虑的不是地震的发生时刻和震级大小，而是应该考虑这些特定地震发生的先后次序。

在以上五种应用场景中，除去 (3) 中的①可以直接使用标准 AIC 方法评估以外，其他场景需要使用 AIC 方法的一般形式以对模型预测和实际场景进行比较。似然函数 $\theta$ 需要根据模型的最终目标替换成其他的一些评估参数，例如在对模型拟合地震目录和实际地震目录的比较中，“平均绝对误差”或者“余弦相似度”（Zhao et al.，2022b）是可以替代 $\theta$ 的参数。在利用应力变化阈值描述警报区域的情况中，Molchan 图表中（Molchan，2010）的总误差，即漏报率与空间占有率之和，可以作为 $\theta$ 的替代品。需要注意的是，AIC 准则基本目标是对不同模型进行比较，因此给出的只是模型之间相对的增益，因此一般化的似然函数需要根据以上提到的五种应用场景分别定义和设置。

数值物理预测模型中的自由度主要依赖于两个因素，分别是使用的控制方程以及边界条件。然而控制方程的自由度可以简单地由公式来确定，而如何定义边界条件的自由度却鲜有提及，这不在源自时间序列分析的标准 AIC 准则的讨论范围内。鉴于控制方程和边界条件的自由度定义并不很对等的情况下，也许我们考虑需要一种 AIC 的二维表达形式，即 $\{AIC_G, AIC_B\}$，来分别表示控制方程和边界条件的 AIC 准则。

# 第 4 章　地震数值预测应用场景

## 4.1　数值预测与统计预测、经验预测、物理预测的关系

本章通过若干案例，讨论地震数值预测的应用场景问题。地震数值预测的应用场景的明确，有双重意义。一方面，在目前地震预测问题仍是一个科学难题的情况下，地震数值预测在相当长的时间里还无法实现一个可以给出未来地震的时间范围、空间范围、震级范围，及其发生概率（这是地震预测的标准定义）的系统，因此与统计预测、经验预测之间的合作，仍是地震数值预测的重要发展议程。另一方面，作为一个数值模拟的工具，地震数值预测在地震预测的基础研究和能力建设中，有着多方面的应用潜力。

例如，通过数值模拟形成“合成的”地震目录，从而帮助统计预测提取统计特征、形成预测方法，是地震数值预测的一个重要的应用场景。从地震学的角度，需要回答的问题是由模拟计算给出的“合成的”地震目录，在多大程度上反映了真实的地震目录的性质。从统计地震学的角度，需要回答的问题是如果有一个“合成的”地震目录，同时有一个真实的地震目录，那么可以以怎样的置信水平，说明这两个目录来自两个统计特征相似的集合，甚至同一个集合。

目前，地震数值预测能得到的一个很重要的结果，是所考虑的地区（或断层体系）的地震活动速率的总体情况和地震活动的“主体部位”，这些模拟结果与实际情况的比较，是确定模拟计算的合理性的一个重要的检验判据。此外，地震数值预测未必能给出一个地区的每个地震的具体时间和震级，但是通过应力转移等机制的考虑，可以给出一个地区或一个断裂体系上不同地震发生的相对“次序”，例如巴颜喀拉地块周边的强震，就是以玛尼（1997）—昆仑山口西（2001）—于田（2008）—汶川（2008）—玉树（2010）—芦山（2013）……的顺序发生的。这方面的信息对于地震大形势的估计具有重要意义。而如何评估这类模拟结果的效能，也是一个值得研究的问题。

地震数值预测既可针对一个区域进行，也可针对一个断层体系甚至一个单一的断层进行；既可针对天然地震进行，也可针对人类活动诱发/触发的地震进行。其应用的空间范围和时间范围，可以说是“宽谱带”的。从动力学的角度解释已经确认的地震现象，并从动力学的角度预测未来地震发生的趋势，或者为这种预测提供必要的背景信息，是地震数值预测的关键所在。从这个意义上说，地震数值预测是地震的物理预测的具体化。也因如此，地震数值预测还（应）有这样的作用，就是从动力学的角度预测某些现象的存在，并将其付诸观测检验以对相关的模型进行证伪。

**背景资料：技术成熟度水平**

技术成熟度评估理论与方法起源于美国，目前是国际上广泛应用于对重大科技攻关和工程项目进行技术成熟程度量化评价的规范化方法。技术成熟度评价的概念最早由美国国家宇航局（NASA）提出。早在阿波罗登月项目中，NASA 就关注日益增加的预算成本和项目拖延对项目与工程的重大影响。1969 年，产生了要准确阐述未来空间系统应用新技术状态的观点，这是开发项目技术成熟度的雏形。20 世纪 70 年代中期，NASA 引入技术就绪水平评估新技术的成熟度。20 世纪 70 年代末，NASA 产生了最早度量技术成熟度的标准—技术就绪水平（Technology Readiness Levels，TRLs）(陈华雄等，2012；杨陈，2018)。

从 20 世纪末开始，国内开始逐步重视技术成熟度研究工作，开展了多项技术成熟度评估方法的软课题研究（陈华雄等，2012）。近年来，随着 GB/T22900 2009 等国标的发布实施，为基础研究、应用研究、开发研究三类项目的投入产出效率评价提供了一种量化管理的方法、相关的概念和方法，在国内很多领域（特别是国防领域）逐渐得到广泛应用（杨陈，2018；陈华雄等，2012）。杨陈（2018）引入技术成熟度概念，基于 TRL 标准初步建立了地震预警技术成熟度评估模型，并通过对地震预警技术进行分类与分析，对不同的技术成熟度进行了初步评估。但是在地震预测领域，尚缺乏相关理论支撑和实践工作。

地震数值预测有自身的特点，不可能也不应该完全照搬诸如航空航天领域的 TRL 评估方法。TRL 评估的精神实质也不在 TRL 本身，而在用系统科学的思路，分析科研活动和成果转化过程的“工作分解结构”(Work Breakdown Structure，WBS)。

**参考文献**

陈华雄、欧阳进良、毛建军，2012. 技术成熟度评价在国家科技计划项目管理中的应用探讨 . 科技管理研究，32（16）：191～195.

杨陈，2018. 地震预警设计中的若干系统工程问题研究 . 中国地震局地球物理研究所，1～122.

## 4.2　模拟地震活动

地震的孕育和发生本身是一个涉及宏观和微观等多尺度的复杂过程。单从宏观介质力学的角度上简化分析，地震孕育是区域构造地应力（应变）在构造活动作用下不断积累的过程，是长期缓慢的，且不同区域不同深度的应力积累速率和状态是非均匀的。地震的发生是由于局部岩体应力状态达到破裂强度极限或断层摩擦强度而破裂滑动，快速释放应力的力学过程。在临近大地震发生前通常有岩体出现前兆现象，从微小破裂发展为大地震，在实验室通过观察岩石应力状态变化特征，识别出破裂前兆现象——亚失稳状态（马瑾等，2012，2014)。区域应力状态是控制地震孕育发生的重要因素之一（王仁等，1980；马瑾等，

2012；石耀霖，2012；石耀霖等，2013，2018）。此外，在实验室高温高压条件下可测得不同震源区岩石及断层强度（何昌荣等，2004；王成虎等，2012；姚路和马胜利，2013），如汶川震源区以花岗岩为代表的彭灌杂岩破裂强度（牛露等，2018）。鉴于此，可基于对区域地应力场（尤其是孕震区应力场）的时空演化过程，结合实验室测得的岩石和断层强度，可开展模拟地震活动。王仁等（1980）最早通过模拟华北地区应力状态的演化过程，利用降低震源区岩石摩擦强度的方法，实现了对该地区自 1966 年邢台大地震后到唐山地震期间数次大地震活动的模拟。

在宏观介质力学简化的基础上，模拟地震活动，涉及的主要物理过程包括：地震孕育阶段长期构造应力积累；地震破裂应力释放；同震及震后应力调整。再次进入下一个孕育周期。

地震孕育阶段，是长期震间构造应力积累的过程，可依据岩石圈结构物性特征，利用连续介质力学（弹性、黏性、黏弹性、塑性、含流体的孔隙介质等），建立符合实际物理机制的数理方程，给定合理的边界条件，及初始条件，开展模拟。

常见的边界条件有位移条件、应力条件。应力观测仅在少数地区浅部数百米尺度开展，且地壳内存在脆性韧性转换带，转换深度无法准确确定，大范围尺度内应力随时间和深度的变化难以确定，该边界条件难以约束。位移/运动速度边界条件则较为可靠，目前已有 GNSS，InSAR 等空间大地测量手段获取了丰富的地表形变数据资料，给出了地壳运动的速度特征。尽管仅有几十年尺度观测数据，但地壳运动长期是相对稳定的，可以用于初步模拟。仅在某些结构复杂区域深浅部位移存在差异，如我国大陆青藏高原东部地区中下地壳可能存在软弱下地壳流，其流动速度快于上地壳（Royden et al.，1997）。在这个地区建立数值计算模型施加位移或速度边界条件，需要特殊处理（曹建玲等，2009；王辉等，2006；尹迪等，2021）。

初始条件即现今地壳不同深度不同区域处岩体及断层中的应力状态，运动状态，以及孔隙流体压力状态、温度等。目前已有的地震活动模拟忽略了流体，仅考虑固体介质。初始条件，即为初始应力条件，尚难以通过直接观测手段去探明该部分，通过一定的假设给出。王仁等（1980）结合现场应力形变测量和震源机制解确定边界外力条件，通过调整该边界外力和岩石力学参数，使初始应力条件满足模拟区域第一个地震发生的条件。董培育等（2019，2020）通过历史地震、岩石力学参数及破裂准则约束，反演出多种可能的初始应力状态。

对于地震破裂应力释放和同震及震后应力调整的计算，可以一并讨论。临近大地震发生前，岩体首先出现微小非线性破裂，再发展为大地震，该过程是瞬态的快速失稳过程，伴随着震源破裂、岩体错动、应力释放，以及周边岩石应力调整等作用，且地震破裂传播过程是复杂的非连续的运动学和动力学过程。通常在静态、准静态模拟地震活动中，忽略地震前兆及地震破裂动力学过程的模拟，仅考虑给定断层岩石屈服破裂准则，如库仑-摩尔破裂准则，塑性屈服准则，或断层速度-状态相关本构关系等，判断模型中是否有单元体满足破裂条件，视为地震的发生，依据破裂单元体大小，代表不同震级地震。同时，可据此计算同震变化，与实测 GNSS 同震位移变化、钻孔应力/应变等同震应力/应变数据对比，验证模拟计算的可靠性。在此基础上，可继续模拟震后调整过程，以及进入下一次孕震周期的计算。

在数值模拟地震活动研究中，常见方法是将断层视为一定厚度的软弱带：杨树新等（2012）利用有限元降低单元弹性模量方法模拟地震，模拟虚拟地震序列演化过程，可与中国大陆第 4 地震活跃期（1966~1976 年）7 级以上 16 次强震的发展过程有相似特征。由此认为震源区丧失应力承载能力（即弹性模量降低），产生大范围兆帕量级应力场的扰动效应，可能是导致后续强震远距离迁移的重要原因。董培育等（2013）通过对比试验计算，发现降低震源区弹性模量的方法，虽然可以模拟走滑断层错动时的剪应力，但也会导致垂直于断层的正应力也剧烈变化，采用横向各向同性杀伤单元法能够更好地模拟出同震变化，可与 Okada 解析解较好吻合。随后，在青藏高原和川滇地区均开展了地震序列演化过程的模拟计算，利用历史大震信息及岩石参数等约束反演多种可能的初始应力场，利用横向各向同性杀伤单元法模拟地震，重现了百年尺度 20 余个大地震演化过程（董培育等，2019，2020；尹迪等，2022）。

另一种方法将断层视为非连续的面，断层面所处单元节点分为双节点，两侧节点分裂错动（朱桂芝和王庆良，2005；Lin et al.，2013；Aagaard et al.，2013）。俯冲带大地震的错动中应用较多（Hu et al.，2016，2019；Zhao et al.，2022a）。张贝等（2015）提出的位错等效体力法，将破裂错动转换为模型中等效体力，并运用至多次大地震的同震及震后变化计算中（瞿武林等，2016；Cheng et al，2019；Huang et al.，2020b）。

## 4.3　模拟强震成组成带活动

我国大陆 7 级以上强震活动时间上呈现强弱交替特征，在一个活跃期内，强震通常成组成带发生，空间上具有一定的集中特征。如巴颜喀拉块体自 1997 年玛尼地震发生以来，随后我国大陆地区 7 级以上强震均集中于该地块，2001 年昆仑山口西大地震，2008 年汶川地震，2010 年玉树地震，2013 年芦山地震，2017 九寨沟地震以及最近的 2021 年玛多地震等。

地震的发生主要受控于构造应力场的状态，在构造活动作用下，当断层或岩体承受的应力不断增强，超过其极限强度值发生破裂，释放应力，应力并非凭空消失，而是转移至周边区域，扰动应力场。一些地区应力可能被卸载，处于应力影区，地震危险性降低；一些地区应力可能被加载，更易发生地震，即库仑破裂应力变化理论（Harris，1998）。在国内外已开展了广泛的应用研究，用于大地震同震及震后对余震和后续其他断层上地震活动性的研究（Stein，1999；Parsons et al.，2008；Liu et al.，2017；Dong et al.，2022），能够在一定程度上解释区域强震成组发生的原因。比如依据库仑应力变化的计算结果，认为 2008 年汶川地震的发生，促进了 2013 年芦山地震的发生（单斌等，2013），也可能促进了 2017 年九寨沟地震（黄禄渊等，2019）。青藏高原东北缘多个历史强震之间也存在触发效应，强震引起的库仑应力变化可能对强震的丛集性具有重要影响（张瑞等，2021）。

虽然库仑应力增加有利于触发余震或令周边断层提前破裂，但影响范围有限，理论计算认为弹性静态应力的衰减随着与震源距离的 3 次方成反比，远距离的应力变化量级可能低于潮汐应力水平（Hill et al.，1993）。程佳等（2011）综合计算 1997 玛尼地震，2001 昆仑山口西地震，2008 汶川地震，2010 玉树地震，结果表明仅有 2010 玉树地震破裂区受到前三次大地震的应力加载效应超过触发阈值 0.1MPa，其他地震之间没有明显触发效应，震源相隔较远，同震或震后效应影响太弱，自身能量积累是短时间内地块边界带上远距离强震发生的决定性因素。徐晶等（2013）分析鲜水河断裂带自 1893 年以来发生的 6.7 级以上强震的相互触发作用，认为后续强震是在前序多个强震及构造应力加载的共同作用下发生的。对强震成组成带活动的模拟，需同时考虑背景构造应力场和各断层及各前序地震之间的局部应力扰动效应。

区域断层系统内强震成组发生是整体应力积累，局部应力调整的体现。王仁等（1980）在国内最早开展区域强震动力学计算模型研究，根据华北地区构造地质背景及地震波速等信息确定模型的构造格局和岩石力学参数，结合历史地震震源机制解和应力测量等确定模型边界力，通过调整参数，给出模型初始应力能使 1966 年邢台地震震源区处于破裂临界状态（根据岩石库仑破裂准则判断是否临界破裂），然后令震源区单元破裂释放应力，降低其摩擦系数，再次计算应力场。通过调整摩擦系数确保其应变能释放量、断层错动量、应力分布等能够与实测值对比。再次进行参数修正，计算下次地震地点可能的应力释放，如此复现了华北地区 1966~1976 年间发生的五次大地震。由于当时观测数据有限，模型参数和边界条件的设置较为粗糙，通过不断修改调整的方式给出了初始应力场，并复现了历史地震演化过程，最后根据应力场特征来分析未来地震发展趋势。参考该研究思路，董培育等（2020）和尹迪等（2022）分别在青藏高原和川滇地区开展了大地震成组演化过程的数值模拟工作。建立二维平面弹性模型，通过长期平均 GPS 观测速度场插值作为模型边界条件，计算区域应力加载速率，并考虑垂向应力，利用历史大震信息等，估算反演出可能的准三维初始应力场，采用库仑摩尔破裂准则判断地震的发生，使用各向同性杀伤单元法计算强震引发的变化，模拟了历史大地震的发展演化过程。大地震的复发周期通常为数百年，甚至数千年，以上计算思路仅重现了一个地震活跃期内（十余年或百余年）历次大地震的成组活动，未实现对大地震的复发性地模拟。

张国民等（1993）利用非线性动力学模型，即利用若干列并联排列的 Maxwell 体和弹性块体元件模拟地震活动带，并用耦合元件模拟地震活动带之间的相互耦合作用。模型在统一的构造应力场作用下，模拟多个活动地震带上的地震活动。由于系统内各孕震区的介质参数和强度存在差异，导致在某些地区首先发生破裂，从而引起系统内应力重新调整，造成一些地震带上加速破裂，而在其他地区则产生减震效应，由此在时间上形成地震连续发生的成组活动，空间上形成以一个地震带为主体的地震活动区。一旦成组强震过程结束，整个系统应力状态释放，进入地震平静期，此后整个系统在边界加载条件下继续积累应力，开始孕育下一次地震活跃期。该模型结果展现出与中国大陆地震活动在时间上轮回和空间上迁移相一致的活动特征。该模型仅是利用一些计算元件视为地震带，不是一个涉及某个构造区域的模型，中间结果无法与一些实测数据检验。尽管在一定程度上能够解释中国大陆地震时空迁移特征，但不能用于实际区域的研究。

孙云强等（2018，2019）依据青藏高原东北缘实际地质构造特征，建立三维黏弹塑性有限元模型，考虑重力作用，并对模型施加长期平均的 GPS 速度边界条件。模型计算数万年至稳态，并采用塑性屈服准则来判断模型中单元是否破裂，一个单元的破裂视为小地震，多个单元的连续破裂视为大地震，在计算足够时长后，模型进入亚临界状态。一些孕震区应力状态恰好达到屈服临界附近，同时受到断层之间相互作用（应力加载或卸载效应），可以导致地震在短期内集中发生，因此产生地震丛集和迁移现象。计算数万年后合成了人工地震目录，该目录能够与区域实际古地震序列有较好吻合，反映出了系统内地震在各个断层上的时空迁移特征，以及地震发生的丛集性和平静期交替出现。

强震成组成带活动，主要是由于构造区域内多条断层系统或者单条断层系统（如鲜水河断裂带）内，在大活动构造背景条件下，整体应力状态可能已达到临界或半临界状态。某个断层或某个区段的应力首先达到破裂极限，发生地震，释放应力。该应力可能转移至该系统内其他地区，致使其应力升高，加速地震发生，也可能某些地区应力得以释放，延缓地震发生，造成系统内应力体系调整，在相对较短时间内，不同位置处陆续发生强震，形成一个强震组。待区域各孕震体应力释放完毕，区域应力调整结束，可能进入平静期，重新积累应力。因此对于区域强震成组活动的模拟，需利用地震地质观测资料建立数值计算模型，给出合理的能够与实际观测数据相吻合的背景应力场，再考虑构造活动对区域的加载效应，地震相互触发效应，才能实现区域强震成组成带活动的模拟，进一步实现对未来地震活动性的预判。

## 4.4　断层滑动亏损与地震危险性

根据弹性回跳理论，地震活动是能量积累—释放过程的反映。因此，震间期弹性应变的积累与同震释放之间的平衡关系反映了地震活动盈余或亏损的程度，对于地震矩平衡的研究能够帮助人们认识区域的中-长期危险性（Meade and Hager, 2005b；Stein and Hanks, 1998；Ward, 1998；Working Group on California Earthquake Probabilities, 1995）。

美国地震学家 Aki 提出了地震矩的概念，并以此来衡量地震的大小（Aki and Richards, 2002）。地震矩等于地震破裂面面积、平均断层位错量和剪切模量的乘积。地震矩释放总量 $M_0^R$ 等于时间长度为 $T$ 的地震目录中所有地震标量矩的总和，平均地震矩释放为 $\dot{M}_0^R = M_0^R / T$ 。对于地震矩积累，Kostrov（1974）定义地震矩积累速率为 $M_0^A = 2GaH\dot{\varepsilon}$ ，其中的 $G$ 为剪切模量；$H$ 是孕震层厚度；$\dot{\varepsilon}$ 为区域地表均匀应变率；$a$ 是变形区域面积。由于区域地表均匀应变率不考虑断层系统中地震释放的地震矩及其造成的应变率集中，该方法提供了区域地震矩积累速率的一个下限估计。除此之外，一个复杂的断层系统中的地震矩总积累速率还可以定义为每个断层分段上所有地震矩积累速率的总和 $\dot{M}_0^A = \sum G\dot{s}A$ 。其中，$\dot{s}$ 为断层滑动速率；$A$ 为断层面面积。假设断层滑动速率不随时间变化，地震矩总积累速率和 $T$ 的乘积就代表了 $T$ 时间长度内地震矩积累总量。相较而言，由于地表应变率与断层锁定深度负相关，而与地震矩累积速率正相关，地表应变率的方法可能会造成一定偏差。具有较大滑动速率和较浅闭锁深度的断层可能会导致应变率相对较高而地震矩积累率相对较低。而根据大地测量观测所约束的断层滑动速率模型计算的地震矩累积速率则可以解释断层带附近局部震间应变累积的影响。

在一个完整记录的地震目录持续时间内，地震矩积累总量和释放总量保持平衡需要满足以下几个假设条件。①区域内的压裂和褶皱等分布式耗散过程可以忽略不计；②断层蠕滑可以忽略或者可计算；③地震目录中的最大地震事件代表了断层系统中发生的最大地震。④地震矩积累速率（即断层滑动速率）在地震目录的时间长度保持恒定。⑤地震目录的时间跨度必须足够长以反映断层系统的活动特征。在这些假设条件均满足的情况下，如果地震释放速率大于积累速率，则表示地震矩盈余，区域相对较安全；反之，则表示地震矩亏损，区域相对较危险。

地震矩积累速率可以根据现今 GNSS 速度场和区域断层滑动速率模型计算得到。Meade and Hager（2005a）提出的线弹性球面块体模型假设震间期所有的断层均处于闭锁状态，因此震间期的速度场 $V$ 可表示为

$$V = V_{B}(\boldsymbol{\Omega}) - V_{CSD}(\boldsymbol{\Omega}) + V_{\dot{\varepsilon}}(\dot{\boldsymbol{\varepsilon}}) \tag{4.1}$$

式中，$V_B$ 为块体整体的运动速度；$V_{CSD}$ 为块体边界断裂在块体之间发生相对差异运动时由于断层闭锁而产生的同震亏损滑动速率；$V_{\dot{\varepsilon}}$ 为块体之间的内部均匀弹性变形对速度场的贡献，参数 $\boldsymbol{\Omega}$ 代表块体旋转的欧拉矢量，$\dot{\boldsymbol{\varepsilon}}$ 表示块体内部的弹性应变率张量。基于该模型和 GNSS 速度场，可同时反演出块体刚性旋转、块体变形和断层长期滑动速率。

通过比较地震矩的积累和释放，Wang（2010）对巴颜喀拉块体周缘主要活动断裂的中长期危险性进行了研究，解释了为什么在不太活动的龙门山断裂带上能发生 2008 年汶川 $M_W7.9$ 地震。他们认为，虽然鲜水河断裂带是巴颜喀拉块体周缘滑动速率最快的断裂带，但是过去几百年间的一系列 $M6\sim6.7$ 地震已经释放了该断裂带积累的地震矩。与之相反，虽然龙门山断裂带的活动水平相对较低，但是过去几千年的地震矩积累和相对较弱的地震矩释放导致该断裂带足以发生 $M8.0$ 地震。除此之外，龙门山断裂带南段在 2008 年汶川地震发生后仍然存在大量的地震矩亏损，足以支撑 $M_W7.7$ 地震的发生。随后，龙门山断裂带南段发生的 2013 年芦山 $M_W6.6$ 和 2022 年芦山 $M6.1$ 地震证实了相关结论。

基于上述的方法，许多研究人员在中国大陆不同区域进行了地震危险性的研究，为包括中国大陆（Wang et al.，2011；李长军等，2015）、鄂尔多斯（Huang et al.，2018）、天山（刘代芹等，2016；朱爽等，2021）和喜马拉雅东构造结（田镇等，2020）等地区的地震危险性提供了基于观测和模拟的定量/半定量估计。

## 4.5　诱发/触发地震的模拟

在众多与地震研究相关的学术论文中，“诱发”与“触发”这两个词的使用近乎相同。然而，当我们对与工业活动有关的地震进行研究时，往往需要区分二者的意义。McGarr et al.（2002）将只能释放人类活动所引起的附加应力的地震定义为诱发地震。反之，若地震能够释放构造应力则定义为触发地震。但目前学术界对这一定义的认可度并不高。Lei et al.（2020）提出定义“诱发”与“触发”时，必须考虑如下四个因素：一，当与地震断层的应力相比较时，人为因素对断层附加应力的影响大小；二，地震震源位置和震源断层相对于影响区域的距离，这里的影响区域一般包括附加应力区域，压裂体积或流体压力增加区域；三，地震震源与影响区域之间是否有流体渗透通道，该渗透通道通常包括裂缝和断层等高渗透带；四，当考虑构造加载速率时，地震提前发生的时间量。

因此，关于“诱发”与“触发”的判断准则，可以简单定义为工业活动与同时期内构造加载对具体震源断层滑动趋势影响的相对大小比较。Lei et al.（2020）指出，对于上述第一点要素，若地震的应力降远大于外界因素导致的应力变化，则称为“触发”地震。例如天体潮汐力、水库蓄水对地震发生的影响。对于第二点，如果地震的震源断层破裂范围在影响区域之内，则为诱发地震，反之为触发地震。然而，至今仍有不少地震成核于影响区域之内，但破裂扩展到了影响区域之外，例如 2017 年韩国浦项 $M_W$5.5 地震，目前定义该地震为触发地震（Ellsworth et al.，2019）。当然上述四个因素在某些情形下也有不确定性，对于实际案例很难给出严格的定义，还需具体问题具体分析。

目前针对诱发/触发地震，科研界已经通过多种方法进行研究，常见的方法有实际地震调查、地震数据统计、解析解计算、数值模拟等。各种方法为诱发/触发地震科学问题的研究提供了不同的技术手段，下面对诱发/触发问题研究方法和成果进行汇总介绍。

地震资料调查：收集诱发/触发地震发震前后的注水资料和其他工业生产资料，通过生产资料和地震资料进行比对，可以探讨分析地震的发生与工业生产之间的联系。例如何登发等（2019）通过对长宁页岩气开发区 2018 年 5.7 级和 2019 年 5.3 级地震及其余震序列进行重新定位，利用页岩气勘探的钻井与地震发射资料，复原了长宁背斜形成过程，揭示了地震发生的地质构造背景，进而探讨了地震的形成机制。Tan et al.（2020）通过分析川南盆地地震监测和井口注水数据，探讨了记录的地震与页岩井水力压裂的关系，表明了注水开采页岩气增大了区域地震的活动性。

但是地震资料调查方法只能够大概指出地震发震与工业生产之间的关系，并不能真实反映地震发震的物理关系，因此科研界提出了其他数学方法来对诱发/触发地震进行更加深入的研究。

统计分析方法：通过对目标地震前后的活动记录进行数学统计，使用统计学的方法研究地震发生随机模型的公式表达和应用。部分学者利用该方法研究了地震活动的统计规律，探讨了长期地震预测统计方法的有效性。例如 Lei et al.（2008）利用传染型余震序列（ETAS）模型研究了中国重庆荣昌气田 3km 深度注水诱发的地震序列，表明了该地震序列的物理机制是伴随深井注水的孔隙压力扩散作用和先前地震本身引起的库仑应力变化联合作用的结果。

但是统计分析方法是统计学在地震研究中的应用，同地震资料调查一样，并不能够揭示地震问题的物理模型和规律。

解析解方法：解析解方法通过将实际地震问题进行简化，推导解析解公式，利用公式得到问题的近似结果。该方法曾在计算机技术不能进行足够大规模计算时得到了广泛应用。例如 Sun et al.（2017）利用孔隙压力扩散分析了长宁盐矿区注水诱发地震的特征。研究了最大震级、累积地震矩与累积失水量之间的关系。结果表明了长宁盐矿近年来地震活动性和盐矿开采过程中的注水量密切相关。长时间的高压注水使水扩散到岩石裂隙中，增加了断层的孔隙压力，导致破裂。

随着对复杂科学问题的深入研究，解析解方法逐渐被数值模拟方法替代。

数值模拟方法：随着计算科学的不断发展，计算机运算存储能力不断提高，根据物理（偏）微分方程计算实际地震问题的数值模拟方法逐渐成为研究多物理场耦合的诱发/触发地震问题的主要手段之一。基于有限差分法、有限元法等算法开发的数值模拟程序也开始活跃在诱发/触发问题的研究前沿。

例如 Deng et al.（2020）根据库仑破裂准则，计算了多井流体注入引起的应力扰动，分析了俄克拉何马州 Cushing 地区诱发地震的风险性。Yeo et al.（2020）对韩国浦项增强型地热系统附近发生的 2017 年 $M_W$5.5 地震的研究，建立三维模型，利用注入数据模拟孔隙压力变化，探讨其与地震活动性的关系，提出了注入诱发地震的多过程成因机制。祝爱玉等（2021）建立了孔弹性弹簧-滑块模型，计算了上升型、下降型和间歇型三种典型的注水方式对断层稳定性的影响。

目前利用数值模拟方法研究诱发/触发地震问题的工作相对较少，该类问题涉及多物理场的共同作用，较为复杂，相关计算程序依然处于研究完善中，相信未来会有所突破，取得成果。

综上所述，随着对诱发/触发地震问题研究的不断深入，科学研究手段也经历了资料收集分析—解析解—数值模拟的过程，对于诱发/触发地震问题的认识也不断深入。目前研究结果表明，注入液体的扩散是地震发生的主要原因。Ellsworth（2013）总结了注入液体导致断层失稳的两种机制。一是由于孔隙压力降低了断层剪切强度，对注入区域的扩散影响。另一种是由于岩石应力的增加，使孔隙压力影响范围以外的区域发生断层失稳。孔隙压力的增加降低了断层上的有效应力，从而降低了剪切强度。降低有效正应力导致断层失稳是源于研究断层活动的经典观点，并已被用于解释注入诱发地震活动。孔隙弹性应力的变化也被用来解释较远距离孔隙压力影响相对较小的地震活动。然而，除液体的影响外，注入液体的温度也会对地下介质应力产生影响，导致断层地震活动性的改变。因此，在未来对触发/诱发地震进行更加深入的研究时，需充分考虑多物理场之间的相互耦合作用。

# 第5章　地震数值预测的时间相依问题：针对地震年度趋势会商的尝试

由于强震孕震周期都是百年至千年尺度（徐锡伟等，2005，2017），强震相关的数值模拟也往往是数十年乃至数百年尺度的计算步长（Wang et al.，2014）。从国内地震预测业务年度地震趋势会商来说（参考背景资料），其业务工作需要长、中、短、临地震预测的数值依据，其中长期预报指未来十年尺度的预报，中期预报是指1~2年内的预报，短期预报是指3个月以内的预报，并且一年一度进行全国地震趋势会商会。地震预测业务所需的预测时长基本上都小于强震孕震破裂相关数值模拟的步长，导致很难将这些数值预测结果直接应用到目前的地震预测业务中。

为了解决地震相关数值模拟步长过长的问题，不少研究人员进行了许多数值计算方法上的探索，试图将漫长的孕育过程、较快的震前应力应变演化和极快速的同震破裂传播放在一个计算过程中，来处理计算步长的剧烈变化（Duan and Oglesby，2005a、b；Lapusta and Liu，2009；Barbot et al.，2012；袁杰等，2021）。然而，这些算法上的尝试大多通过降维、状态判定和人工干预来完成，容易造成应力、位移、摩擦本构等之间的复杂耦合关系解耦。因此，很难通过对算法本身的改进来适应现有的国内地震预测业务。这导致大量的地震数值计算仅限于科学研究，难以直接应用到业务中。

本章展示了中国地震台网中心团队（姚琪等，2022a、b）将地震数值预测方法应用到地震年度趋势会商的尝试，通过混合预测的方式，将不同时间尺度的计算结果进行综合，实现了更短时间尺度的地震数值预测。该方法主要根据地震的孕震机制和发生、发展过程，将地震预测相关计算分为三个层次：一是长周期层次，用于确定地震基本的孕震机制，预测的目标是7级以上的强震在数十年尺度的发生可能性；二是中等周期层次，用于确定一段时间内中强地震的影响，分析的目标是7级以下的中等地震，预测目标是6~7级的中等地震在十余年尺度的发生可能性；三是短周期层次，用于确定现今区域地震活动的状态，分析的目标是3.0级以上的小地震，预测目标是中等强度地震（5.5~6.5级）在数年尺度发生的可能性（图5.1）。

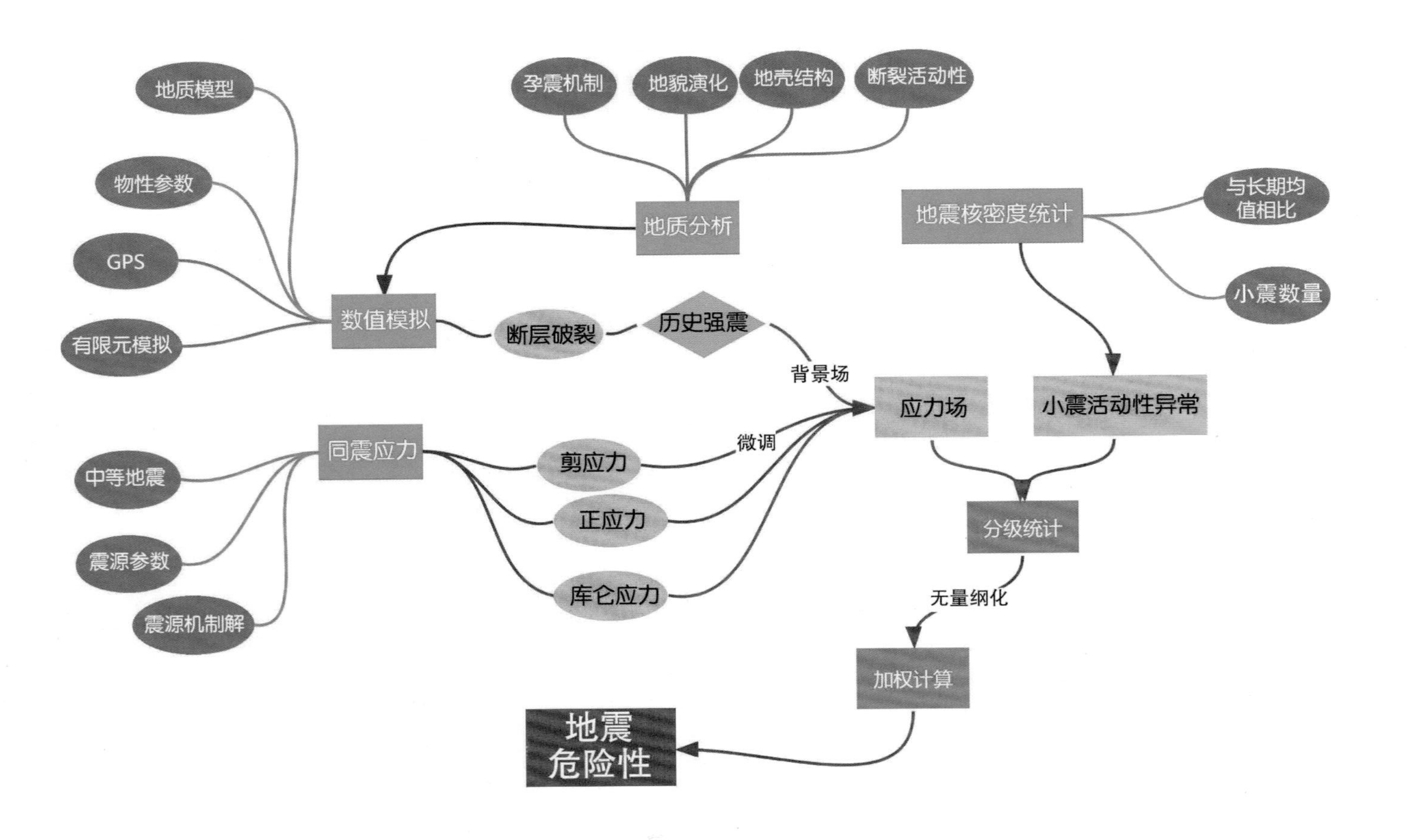


图5.1 本次地震数值预测混合预测主要步骤与思路（姚琪等，2022a）

**背景资料：全国年度地震趋势会商**

**一、年度会商的由来**

1966 年初中国科学院地球物理研究所召开了由昆明和兰州地球物理研究所参加的地震预报讨论和规划会议，论证了开展地震预报的必要性和现实性，并研究起草了地震预报规划。这也标志着，我们国家的大规模地震预报事业在 1966 年初拉开了序幕。1966 年 3 月邢台发生了一系列地震，最大为 3 月 22 日 7.2 级地震，造成 8000 余人死亡。周恩来总理亲临现场，并发出号召开展地震群测群防，希望通过一到两代人的努力，解决地震问题。因此，这个地震是我们国家大规模开展地震预报事业的里程碑。1966~1976 年，我国发生 14 次 7 级地震，其中 12 次造成巨大的人员伤亡和财产损失，发生在 1976 年的唐山地震造成了 24 万余人的死亡。这一系列灾害地震也促成了我国地震预报历史上的第一次重大发展。1972 年全国地震工作会议和地震科学讨论会在山西临汾召开。根据当时对地震发生规律的初步认识，初步形成了长、中、短、临渐进式预报的总体思路。长期预报指未来 10 年尺度的预报，中期预报指 1~2 年内的预报，短期预报指 3 个月以内的预报，临震预报指 10 天以内的预报。建立了一年一度的全国地震形势会商会制度，会商会的主要目标是对未来 1、2 年地震形势进行估计，并指导和协调近期的监测预报工作。因此，1972 年是我国地震预报工作体系建立的一个里程碑。

1980 年原国家地震局分析预报中心成立，承担长、中、短、临地震预报任务。2004 年机构改革，分析预报中心更名为地震预测研究所，同时成立了新的机构中国地震台网中心。部分地震预报人员留在地震预测研究所承担地震中长期预报工作（包括未来 1~3 年中长期预测和未来 10 年尺度的重防区预测），其余地震预报人员到新成立的中国地震台网中心地震预报部工作，承担年尺度的中期地震预报工作，并指导省地震局开展短临预报工作。

年度会商从形式上讲是每年年底或年初召开的全国地震趋势会商会。其目的是对未来一年我国 7 级以上地震的危险性以及最高地震活动水平的趋势预测，对大陆西部（107°E（含）以西）发生 6 级左右及以上地震、大陆东部（107°E（不含）以东）发生 5.5 级左右及以上地震的危险地区预测，以及对首都圈地区（38.5°~41°N，113°~120°E，现称北京附近地区）是否有发生 5 级左右及以上地震的预测。近年来，这些预测意见经过全国地震预报评审委员会的评审成为正式的年度地震预报意见，为国务院年度防震减灾工作提供科学依据。

**二、年度会商的主要技术**

1966~1976 年我国发生的一系列大地震造成了巨大的生命和财产损失，另一方面也积累了大量的观测资料及边观测、边研究、边预测的科学认识。围绕孕育构造背景、蕴震条件、演化过程和地震活动性、前兆特征等方面，20 世纪 80 年代对海城、唐山、松潘、龙陵等大地震进行了系统总结，获得了大量科学认识。1983~1986 年，国家地震局组织 2000 多名专家对测震、大地形变测量、地倾斜、重力、地应力、水位、水化、地磁、地电等学科开展了地震预报技术攻关，并提出一批地震综合预报方法。近年来利用空间观测资料开展了空间地震异常探索，如 GNSS、InSAR、重力、红外、电磁卫星资料，获得了一些科学认识。我国还在 2018 年初发射了地震电磁试验卫星，探测地震电离层异常。总体看，1966 年前对地震前兆异常的经验性认识主要是宏观异常，1966 年后主要是通过仪器观测的微观异常。

年度危险区包括对未来一年我国 7 级以上地震的危险性以及最高地震活动水平的趋势预测，对大陆西部（107°E（含）以西）发生 6 级左右及以上地震、大陆东部（107°E 度（不含）以东）发生 5.5 级左右及以上地震的危险地区预测，以及对首都圈地区（38.5°~41°N，113°~120°E 范围，现称北京附近地区）是否有发生 5 级左右及以上地震的预测。根据动态监视资料分析获得的地震活动异常、地壳形变异常、地磁地电异常、地壳流体异常、综合异常指标、环境因子以及近年来发展的新技术、新方法分析结果，基于震例研究获得的经验关系，利用趋势预测的指标支撑地震形势判定，利用年度预测指标进行年度地震危险区判定。在此基础上利用短临预测指标进行短临跟踪预测（图 1）。总体看，长、中、短、临预测技术各有侧重。对地震形势的预测主要从大范围、长时间的地震活动演化过程和前兆观测中期异常分析入手。而年度危险区的预测主要抓中期异常，由中期异常集中区判定发震区域，由异常规模和持续时间判定震级。

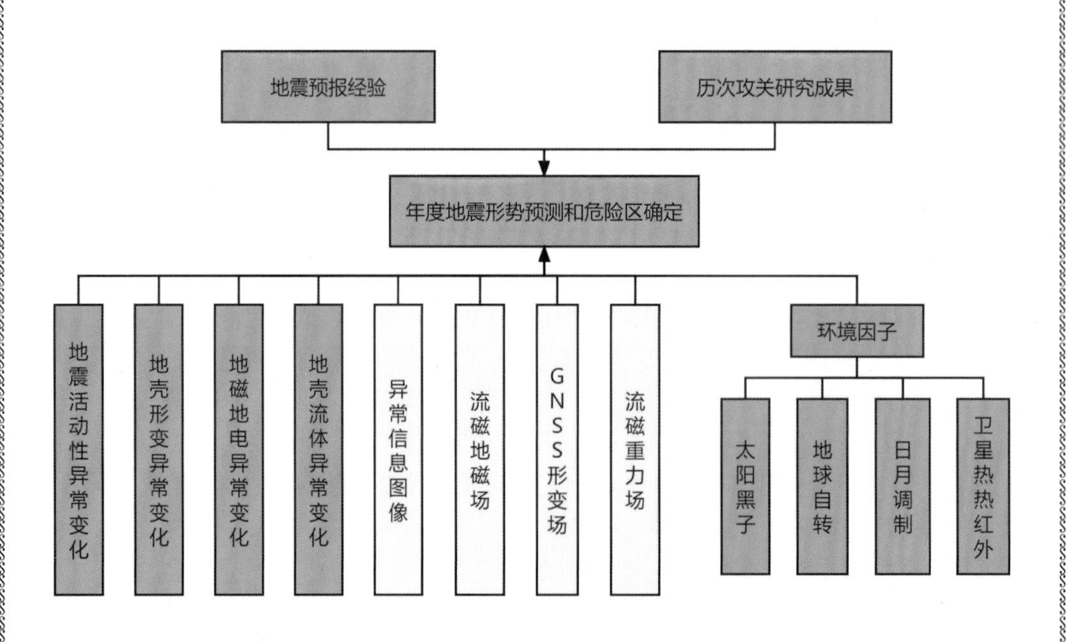


图 1　年度地震预报技术

**三、年度地震预测总体效能**

中国地震局每年年度要给出全国年度危险期区的预测图，对年度危险区预测效能利用 $R$ 值评分办法进行检验，$R=1-$虚报率$-$漏报率。这里虚报率就是预测有地震但没有发生地震的网格所占的比率；漏报率就是发生但没有被预测的地震占所有发生地震的比率。这里的地震指 5 级以上地震，但同一地震序列内的 5 级以上地震视为 1 次。

2014 年的评分是非常高的，为 0. 66。图 2 是我们对 1990 年以来的年度地震危险区预测效能进行的系统 $R$ 值评分。图中可见，20 世纪 90 年代的 $R$ 值比较低，平均 $R$ 值也就是 0. 194，到了 21 世纪第一个十年平均 $R$ 值达到了 0. 345，再往后就是 21 世纪 10 年代，平均 $R$ 值为 0. 353，总体上年度预测还是取得了长足的进展。如果仅考虑 6 级以上地震的情况，2009 年到 2018 年，我国大陆一共发生了 16 次 6 级以上的地震，其中 9 次发生在年度地震危险区，报准率为 56%，总体看比 5 级以上地震的检验效果好些，即我们对 6 级以上地震的预测能力比对 5 级以上地震的预测能力高一些。

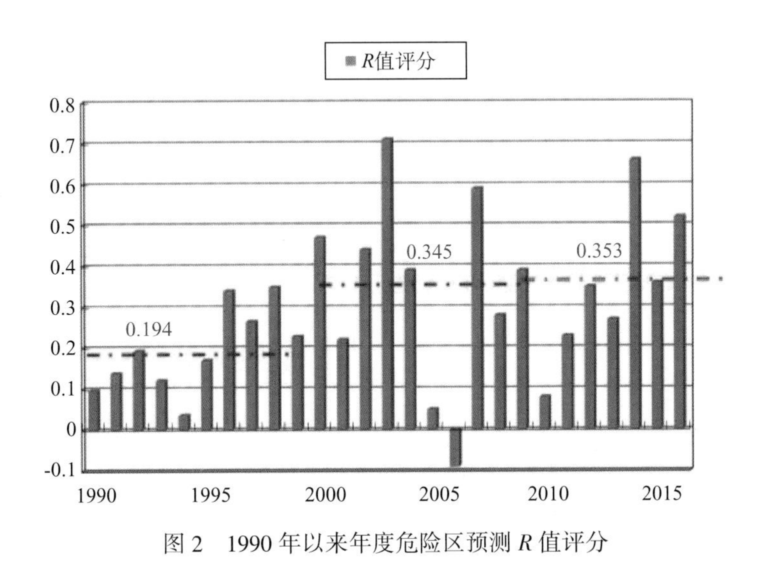


图 2　1990 年以来年度危险区预测 $R$ 值评分

**参考文献**

张永仙，2020. 我国年度会商主要技术方法及总体预测效能 . 中国地震局地震预测研究所地震预测研究年报 2019. 地震出版社 . pp. 49～54.

## 5.1　长期尺度的应力场背景

区域应力场和岩石强度在很大程度上反映了区域地震危险性（石耀霖和胡才博，2021），因此了解应力场的空间分布，有助于我们指明地震易发区域。王仁等（1980，

1982a、b)、王仁（1994）和石耀霖等（2018）都提出了相关地震数值预测的流程和主要计算步骤，即：根据地质信息构建模型，利用数值方法复现历史地震序列，以此来获取最近一次强震以后的应力场分布情况，推测后续主要断裂上发生地震的概率。Luo 和 Liu（2010，2012），以及孙云强等（2018～2020）等多位科学家，已经在多个区域实现了利用这种计算思路在推测未来区域地震危险性（详见第 1 章、第 2 章）。

我们针对孕震机制研究程度较高的川滇交界东南缘，尝试通过模拟强震序列的方式来计算、推测最后一次强震之后的应力场背景。限于强震演化计算的时间步长，这个推测的区域应力场的时间可能为 1～10 年。但如果考虑到计算所用的位移边界来自 GNSS 速度场，其东西方向误差大多在 10%～30%，南北方向速度则有大量的站点误差大于 50%（Wang and Shen，2020）。由此计算可知，一次步长实际对应的时间可长达 20 年（乃至更久），并且持续加载将会使得这些时间误差持续累积。因此，我们计算所得的预测应力场背景时间是长期的。

### 5.1.1 地质模型的分析与建立

数值模拟需要从建模之前就需要对模拟的区域进行分析，明确模拟的对象，厘清需要解决的问题。对中国地震科学实验场长期尺度的应力背景模拟之前，首先需要对这个区域的基本构造背景和孕震机制有基本的认识，并在地质模型和数值模型之间建立联系。

我们选取地震科学实验场研究程度较高的川滇交界东南缘作为我们的主要研究对象（图 5.2）。该地区最显著的活动构造就是鲜水河—小江断裂系。鲜水河—小江断裂系由鲜水河断裂、安宁河断裂、则木河断裂和小江断裂组成，是青藏高原东缘活动性最强的构造，是中国大陆内部仅次于喜马拉雅造山带的高构造应变率区（沈正康等，2003）。该断裂系是青藏高原的东边界，也是分隔羌塘块体与巴颜喀拉块体向北运动和向南运动的重要边界断裂（张培震等，2013；邓起东等，2014；徐锡伟等，2014）。在该断裂系上，历史上曾发生过多次 7 级以上的大地震，自 1973 年炉霍 *M*7.6 地震之后，迄今已有 46 年未有 7 级以上地震发生。

自北而南，该断裂系北段为 NW 走向的鲜水河断裂以左旋走滑为主，分支断裂较少，表现为线性构造带，南端有一定的挤压分量；中段一般认为由 NS 走向的安宁河断裂和 NW 走向的则木河断裂组成，以左旋走滑为主，部分段落兼具逆冲分量（Ran et al.，2008；Wang et al.，2014；Li et al.，2015）；南段的小江断裂由东、西 2 条近于平行且间隔<20km 的 NS 走向分支断裂构成（He et al.，2008）。

古地震研究表明，鲜水河断裂带晚第四纪以来平均左旋走滑速率北西段为 14mm/a，南东段减为 10mm/a，安宁河断裂左旋走滑速率约为 6.5±1mm/a，则木河断裂走滑速率约为 6.4±0.6mm/a，小江断裂左旋走滑速率 10±1mm/a（宋方敏，1998；徐锡伟等，2003；Ran et al.，2008；He et al.，2008；闻学泽等，2011）。这表明在安宁河断裂、则木河断裂这部分，断裂段平均滑动速率明显降低，鲜水河—小江断裂系各段的位移总量和滑动速率严重失衡。GPS 对断层滑动速率的反演同样显示了安宁河断裂、则木河断裂的滑动速率要小于其两侧的鲜水河断裂和小江断裂（王阎昭等，2008；刘峡等，2016；王辉等，2010；Luo et al.，2018）。

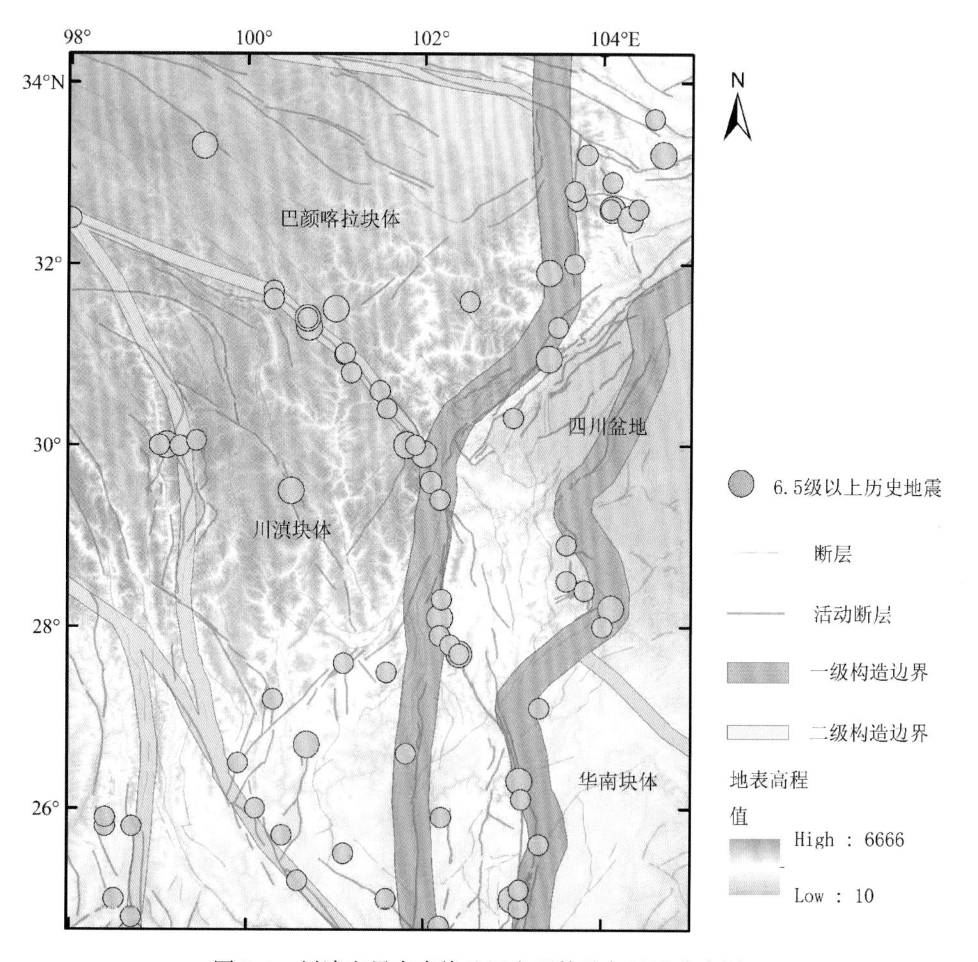


图5.2　川滇交界东南缘地区主要构造与地震分布图

断层据《中国及邻近地区地震构造图》（徐锡伟等，2016），历史地震据中国地震信息网（http：//www.csi.ac.cn），板块划分据邓起东等（2014），地表高程据SRTM（Shuttle Radar Topography Mission，即航天飞机雷达地形测绘）

随着对大凉山地区研究的开展，研究人员提出新生的大凉山断裂具有很强的活动性，地震地质观测和GPS反演结果显示，大凉山断裂左旋走滑速率可达到2.5~4.5mm/a（何宏林等，2008；陈长云和何宏林，2008；魏占玉等，2012；孙浩越等，2015），基本上与安宁河断裂—小江断裂的滑动速率大体相当，其断裂活动是安宁河断裂、则木河断裂应变分配的结果。何宏林等（2008）提出，新生的大凉山断裂带产生于鲜水河—小江断裂系中段的“裁弯取直”，随着“裁弯取直”的持续发展，大凉山断裂带将可能逐渐取代安宁河和则木河断裂带在鲜水河—小江断裂系中作用，并最终使后者逐渐消亡，2014年云南鲁甸6.5级地震是大凉山断裂南端次级构造活动的结果（徐锡伟等，2014）。

然而鲜水河—小江断裂系中段附近，晚第四纪以来活动性较强的并不仅仅是大凉山断裂。鲜水河—小江断裂系东侧的昭通—鲁甸断裂、马边断裂等也具有很强的活动性，断裂系西侧的局部区域还存在挤压缩短现象。马边断裂表现出左旋走滑—挤压逆冲的晚第四纪活动特征，走滑速率约为1mm /a（徐锡伟等，2014）、挤压速率可达0.8mm /a（张世民等，

2005）；NE 向昭通—莲峰断裂带表现出右旋走滑兼逆冲，或者以逆冲为主要错动方式，GPS 结果显示断裂带水平缩短速率为 2～6mm/a、水平剪切变形速率为 0～3mm/a（闻学泽等，2013）。此外，鲜水河断裂与安宁河断裂交会处的贡嘎山区域存在 6.2mm/a 的快速隆升（陈桂华等，2008；Tan et al.，2014），越西盆地东缘的逆冲断层迄今仍在活动（He et al.，2008；Ran et al.，2008）。也有人提出，鲜水河断裂的活动受到了与其北缘的龙日坝断裂的促进作用（Bai et al.，2018）。因此，安宁河—则木河区域的应变，可能不仅仅只被新生的大凉山断裂分解，也有可能分配到了周缘的其他断裂，也可能转化为局部区域的缩短隆升。

与鲜水河—小江断裂系相关的数值模拟研究很多，譬如王辉等（2010）利用弹黏塑性三维有限元模型，提出大凉山断裂带的活动能使鲜水河—小江断裂系走向与区域地壳运动方向的变化更加协调。王阎昭等（2008）提出鲜水河—小江断裂系中段的剪切应变被近平均地分解到安宁河和大凉山断裂之上。刘峡等（2016）认为马边断裂带和大凉山断裂带速率较低，且在汶川地震之后变化不大，而鲜水河断裂、小江断裂的滑动速率受汶川地震影响变化较大。He（2009）模拟了下地壳黏弹性状态下鲜水河—小江断裂系的应变，提出该断裂系的应变还被分解到了滇中块体内部的南北向构造上。

由以上关于鲜水河—小江断裂带的滑动亏损和应变分配方式（何宏林等，2008；徐锡伟等，2014）的分析可以推测，大凉山次级块体周缘断层，以及内部的大凉山断裂，其活动在川滇交界东南缘，乃至整个川滇地区的变形都具有重要的作用。地形地貌分析和地球物理勘探结果综合显示，大凉山次级块体相对较硬且块体较小，在被挟持着向东南运动的过程中，可能以本身的转动和内部变形来调整川滇块体和四川盆地之间的变形差异（姚琪等，2017）。因此，对川滇交界东南缘地区进行数值计算时，必须考虑大凉山次级块体的影响。

基于以上孕震机制和构造变形相关分析，我们建立了以川滇交界东南缘为核心，基本与中国地震科学实验场区空间位置重合的三维有限元模型。该模型包含了最后一次活动时代为全新世，且具有 7 级以上历史地震记录的强活动断裂，并将大凉山次级块体内部的大凉山断裂、周缘的马边—盐津断裂、昭通—鲁甸断裂也作为模拟对象，共计 11 条主要断层。断裂走向根据《中国及邻近地区地震构造图》（徐锡伟等，2016）1∶400 万活动断裂的地表行迹进行简化，倾向均设置为垂直向下延伸，共计建立节点 79474 个，Hex 六面体网格 66360 个。断层面采用“接触对”的方式进行标识，断层接触面上的节点为重合的节点，具体见姚琪等（2018a）。

模型的物性参数选择参照区域深地震反射和大地电磁测深的结果，共设置 5 种物性参数，如图 5.3 所示。其中川滇地区上地壳杨氏模量取为 23.21GPa，泊松比取为 0.24，略大于地震台阵观测所得的龙门山断裂附近地壳平均泊松比（0.20），稍小于粉砂岩（0.25），四川盆地考虑到川西中新生代沉积的分布（Lu et al.，2012），在 12km 深度以上取相对较小的物性参数，12km 以下区域则取为较大的物性参数。大凉山次级块体根据大地电磁测深和深地震反射剖面揭示的结果（王夫运等，2009），采用相对较硬的物性参数，华南块体则采用四川盆地深部相同的物性参数（姚琪等，2018a）。

边界条件根据国家地震科学数据共享中心公布的 GNSS 区域站相对于欧亚板块 2009～2013 速度场来设置（http：//data.earthquake.cn）。模型西边界附近的 GNSS 速度场基本以向东为主，由此对模型西边界设置一向东的推力，根据速度场资料，*X* 方向设置为 16.95 mm/a，*Y* 方向设置为 0 mm/a（图 5.3），考虑到川滇块体整体的顺时针转动，在模型的西南端设置为自由边界，使得滇中块体的速度能有所增加，且节点的运动方向有所旋转（姚琪等，2018a）。

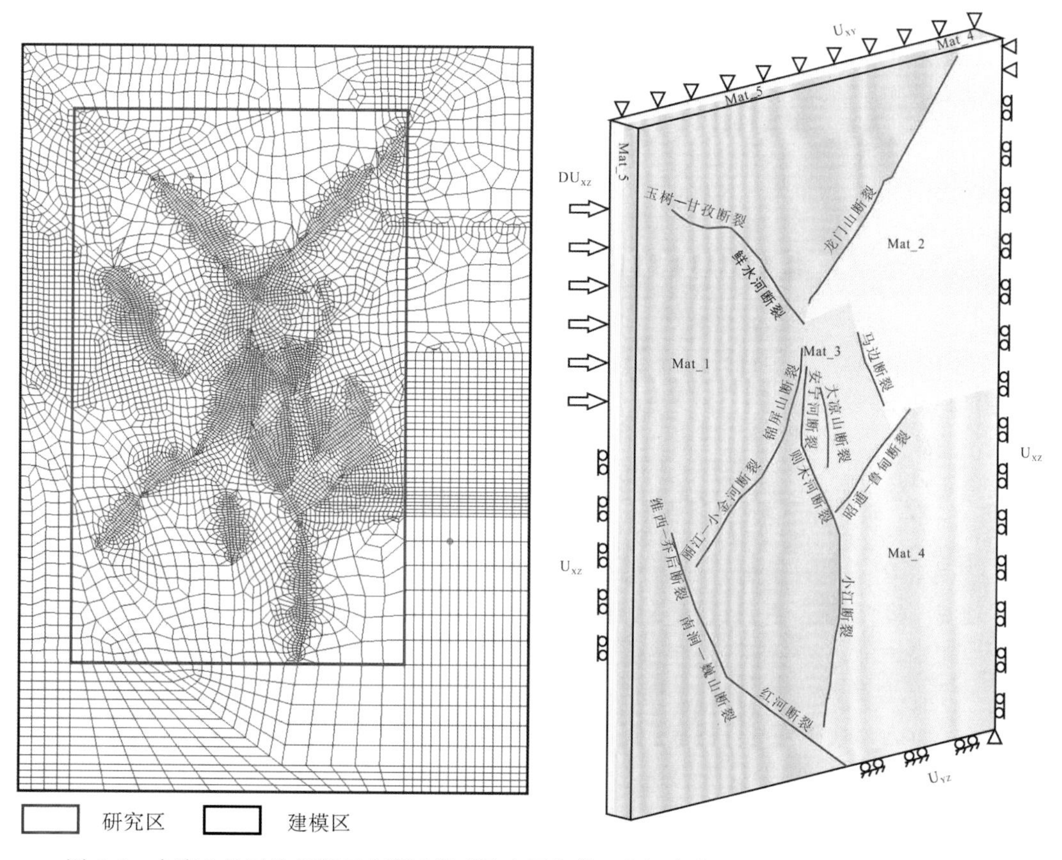


图 5.3　大凉山地区及其邻区有限元模型及边界条件、物性参数设置（据姚琪等（2018））

### 5.1.2　数值模拟方法

数值模拟方法采用 Xing et al.（2002a ~ c，2003，2006a、b，2007）提出的非线性摩擦有限元方法，以计算这 11 条断层在边界荷载和相互作用影响下的准静态摩擦行为。该方法已经在很多地震数值模拟案例中得到应用和验证（邢会林等，2022）（详见第 2 章）。

Xing et al.（2002a ~ c，2003，2006a、b，2007）应用统一的数学公式表述了速率相关的摩擦接触中黏着（sticking）和滑移（sliding）这两种不同的运动状态；有限元计算中采用静力显示的时间积分方法，基于 $R$ 最小策略，控制时间步长以保持力学状态变化稳定，从而保证有限元计算过程平稳、收敛。该程序能够计算在外边界的均匀载荷下，模型内部的接触面上摩擦状态黏着和滑移两种过程的变化，即断层上闭锁和解锁两种不同运动状态的变化特征，也就是地震的孕育、发生的过程。

有限元公式则是采用更新拉格朗日列式算法来描述非线性接触问题，平衡方程可以表述如下：

$$\int_V (\overset{\circ}{\tau}_{ij} - D_{ik}\sigma_{kj} + \sigma_{ik}L_{jk} - \sigma_{ik}D_{kj})\delta L_{ij}\mathrm{d}V + \int_V \rho\ddot{u}_i\delta\dot{u}_i\mathrm{d}V = \int_{S_\mathrm{F}} \dot{F}_i\delta\dot{u}_i\mathrm{d}S + \int_{S_\mathrm{C}} \dot{f}_i\delta\dot{\tilde{u}}_i\mathrm{d}S \tag{5.1}$$

式中，上标的（~）表示0变形块体之间的相对值，且 $l$、$m=1$、2，$i$、$j$、$k=1$、2、3，$m$ 为切向方向，符号上覆的“~”用于指示断层接触关系中从接触面（slave）和主接触面（master）之间的关系。$V$ 和 $S$ 分别表示 $t$ 时刻变形体的体积和表面积，$S_\mathrm{F}$ 是表面 $S$ 上外载 $\dot{F}_i$ 的作用边界；$\delta\dot{u}_i$ 为虚拟速度场，在速度边界上满足 $\delta\dot{u}_i=0$；$\overset{\circ}{\tau}_{ij}$ 是柯西应力 Jaumann 率；$\mathbf{L}$ 为速度梯度张量，且 $\mathbf{L}=\partial\mathbf{v}/\partial\mathbf{x}$；$\mathbf{D}$ 和 $\mathbf{W}$ 是张量 $\mathbf{L}$ 的对称和反对称部分；$\dot{f}$ 是接触表面 $S_\mathrm{C}$ 上接触力的速率；$\dot{\tilde{u}}_i$ 是接触对（点与点接触）之间的相对滑动速度；$\dot{F}_i$ 为拉力变化率；$\sigma_{ij}$ 为 Kirchhoff 应力张量。

在法向力的计算中，则运用罚函数方法处理法向约束，使之在接触发生时法向不产生穿透，即：

$$f_\mathrm{n} = \mathbf{f}\cdot\mathbf{n} = E_\mathrm{n}g_\mathrm{n} \qquad (\text{仅当 } g_\mathrm{n} < 0 \text{ 时，取值 } 0) \tag{5.2}$$

式中，$E_\mathrm{n}$ 为罚因子；$\mathbf{n}$ 为从接触体表面的外法线方向；$g_\mathrm{n}$ 为法向穿透距离。

采用 Mohr-Coulomb 摩擦模型来描述接触面黏着（sticking）和滑移（slipping）的摩擦行为，类似于理想弹塑性材料的屈服函数，这里将黏着状态类比为“弹性”，滑移过程比作“塑性”。为了避免状态变量计算导致的计算困难，采用速率相关的 Coulomb 摩擦准则，使用将摩擦中黏着与滑移两部分分开的办法处理，而不考虑状态量变化的效应，若也忽略温度影响，则摩擦力可表示为（Xing et al.（2002a~c，2003，2006a、b，2007））：

$$f_l = E_\mathrm{t}\tilde{u}_l^\mathrm{e} = E_\mathrm{t}\sum \tilde{u}_l^\mathrm{e} \tag{5.3}$$

$$\mathrm{d}f_l = E_\mathrm{t}\mathrm{d}\tilde{u}_l \qquad (\text{黏着状态}) \tag{5.4}$$

$$\mathrm{d}f_l = \frac{\bar{F}E_\mathrm{t}}{\sqrt{f_m^\mathrm{e}f_m^\mathrm{e}}}(\delta_{lm} - \eta_l\eta_m)\mathrm{d}\tilde{u}_m + \eta_l\mu\left(\mathrm{d}f_\mathrm{n} + \frac{\partial\mu}{\partial f_\mathrm{n}}\mathrm{d}f_\mathrm{n}\right) + \eta_l f_\mathrm{n}\left(\frac{\partial\mu}{\partial\dot{\tilde{u}}_\mathrm{eq}}\mathrm{d}\dot{\tilde{u}}_\mathrm{eq} + \frac{\partial\mu}{\partial\varphi}\mathrm{d}\varphi\right) \qquad (\text{滑动状态}) \tag{5.5}$$

式中，$\mu$ 为摩擦系数（friction coefficient）；$f_\mathrm{n}$ 为正接触应力（normal contact pressure）；$f_m$（$m=1$，2）是沿着切向方向 $m$ 的摩擦应力分量；$\dot{\tilde{u}}_\mathrm{eq}$ 为等效切向速度（equivalent tangential velocity）；$\dot{\tilde{u}}_\mathrm{eq}^\mathrm{sl}$ 为等效滑动速度（equivalent slip velocity）；$\varphi$ 为状态变量（state variable）；$\mu=\mu(\dot{\tilde{u}}_\mathrm{eq}^\mathrm{sl}, f_\mathrm{n}, \varphi)$；$E_\mathrm{t}$ 在切向上为一个常数；$\bar{F}$ 为临界摩擦应力（critical frictional stress）。其中，

$$f_m = \eta_m \bar{F} \qquad \text{(滑动状态)} \tag{5.6}$$

$$f_m = E_t \tilde{u}_m^e = E_t \sum \Delta \tilde{u}_m^e \qquad \text{(黏着状态)} \tag{5.7}$$

$$\eta_m = \frac{f_m^e}{\sqrt{f_l^e f_l^e}} \tag{5.8}$$

$$f_m^e = E_t(\tilde{u}_m - \tilde{u}_m^p |_0) \tag{5.9}$$

$$\mathrm{d}f_l = \frac{\bar{F}E_t}{\sqrt{(f_1^e)^2 + (f_2^e)^2}}(\delta_{lm} - \eta_l \eta_m)\mathrm{d}\tilde{u}_m + \eta_l \mu \mathrm{d}f_n + \eta_l f_n \frac{\partial \mu}{\partial \dot{\tilde{u}}_{eq}^{sl}} \mathrm{d}\dot{\tilde{u}}_{eq}^{sl} \tag{5.10}$$

为了避免状态变量改变导致的不收敛问题，Xing et al.（2002a～c，2003，2006，2007）使用摩尔-库仑破裂准则来判定速率依赖应力（the rate-dependent strength），从而实现黏着-滑移分解算法（stick and slip decomposition algorithm）。由此，可用公式（5.10）来描述黏着-滑移不稳定状态下的摩擦应力。

文中采用显式的时间积分方法，通过时间步长增量的比例控制系数 $R_{\min}$（<1）来控制载荷增量的大小。通过选取适当的时间步长来保证每个增量步内单元的力学状态和界面的接触状态平稳变化。

用式（5.11）、式（5.12）中的增量替代方程（5.1）中的所有率变化量，则公式（5.1）可表示为式（5.13）的形式

$$\Delta \mathbf{u} = \mathbf{v}\Delta t = \dot{\mathbf{u}}\Delta t \tag{5.11}$$

$$\Delta \tau = \mathring{\tau} \Delta t \tag{5.12}$$

$$(\mathbf{K} + \mathbf{K}_f)\Delta \mathbf{u} = \Delta \mathbf{F} + \Delta \mathbf{F}_f \tag{5.13}$$

式中，$\mathbf{K}$ 为整个物体的标准刚度矩阵；$\Delta \mathbf{F}$ 为力边界的外荷载增量；$\Delta \mathbf{F}_f$ 为接触力增量；$\mathbf{K}_f$ 为所有接触单元的接触刚度矩阵；$\Delta \mathbf{u}$ 为节点位移增量（Xing et al.，2002b）。

### 5.1.3　数值模拟结果

经过 5000 步的计算，模拟了川滇交界东南缘主要活动断层在本模型边界条件下的准静态摩擦行为，获得了在应力持续发展过程中，研究区内断层节点逐次破裂的整个过程，其中还包含了部分节点破裂后又重新接触，以及再次破裂的过程。

模拟所得的 $Y$ 方向（即南北方向）的速度场演化过程如图 5.5 所示。在速度场中，断层节点破裂之前，断层两侧的节点是一一对应的，断层两侧的速度曲线也是连续的，而在节

点破裂之后，断层两侧的速度曲线不再连续，而当速度场等值线沿着断层面发生大面积且大位移的不连续时，我们认为该断层上发生了较大规模的破裂。地震是断层节点大规模破裂的结果，一次大地震可与断层上大量节点在某一步发生破裂和位移来对应。因此，我们可以从断层两侧的速度场是否连续来判断有没有发生大规模破裂，从而判断有没有发生地震。

从模拟结果显示，在本模型的边界条件和物性参数作用下，研究区破裂首先发生在则木河断裂南端（图 5.5b）。从大凉山次级块体及其周边地区 7 级以上的历史地震的 M-T 图（图 5.4）可以看到，若以发生在则木河断裂上的地震为起始地震，则整个研究区内的地震可划分为三个阶段：①800～1500 年，这个阶段地震记录严重缺失，仅能确定在该周期内，则木河断裂和马边断裂（或昭通—鲁甸断裂、五莲峰断裂）上有中强震发生；②1500～1840 年，这个阶段地震记录相对较多，但绝大部分地震发生在小江断裂、红河断裂和鲜水河断裂带上，缺失发生在大凉山次级构造东缘的地震记录；③1840 年至今，这个阶段的地震记录相对较全，发震断裂基本上囊括了研究区的主要活动断裂，因此我们选择该时间段的历史地

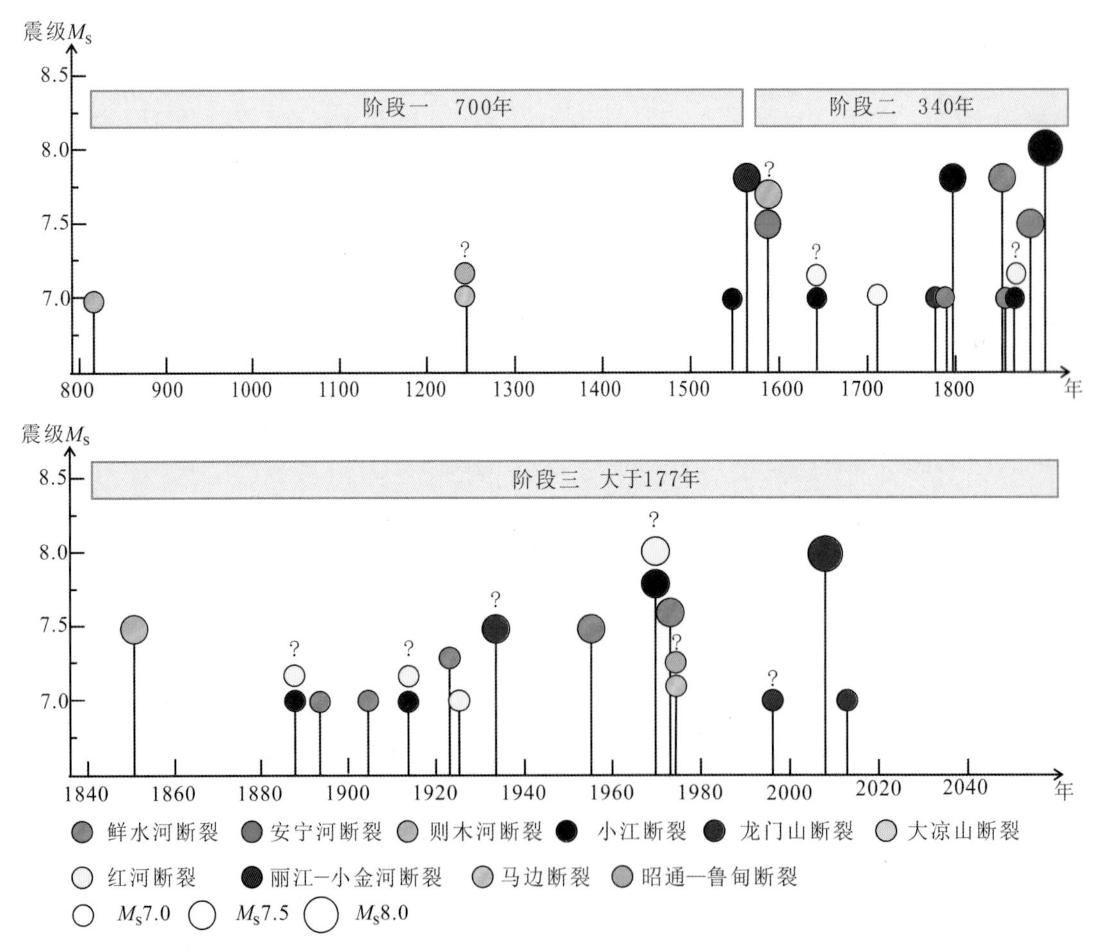


图 5.4　研究区内 7 级以上地震的震级-时间分布图（据姚琪等（2018a））

圆点表示地震发生的相关断裂，同一地震上有两个不同颜色的圆点，表明该地震发生在两组断裂的交会处，难以确定发震断层（历史地震据中国地震信息网（http：//www.csi.ac.cn））。

震记录作为本模拟的参考对象。

其中，1933年四川茂汶叠溪 $M_S7.5$ 地震由于位置关系，将其归并到龙门山断裂上，但其发震断裂为北西走向的松坪沟断裂（Ren et al., 2018），而1996年云南丽江 $M_S7.0$ 地震将其归并到丽江—小金河断裂，但其发震断裂为主断裂末端，走向与主断裂有较大夹角的玉龙雪山东麓断裂（王运生等，2000）或是北西走向的丽江—大具断裂（韩竹军等，2004），因此这两个地震在进行结果对比时不计在内。

本模拟采用的方法为了规避隐式计算造成的不收敛问题，采用的是自适应时间步长，每一步的时间为1~10年。但是在整个地震周期的模拟过程中，本文无法将模拟所得某一断层破裂所需的运行时间与历史地震发生的具体时间进行一一对应，理由如下：①驱动板块运动的运动速率并不是一成不变的，本文的模拟的地震对应时间为1840年至今，长达177年，而目前所得的GNSS数据也不过数十年，很难保证现今的GNSS数据能够代表1840年至今的块体边界速率，而块体边界速率的变化，对模型的运行时间和步长影响十分显著；②由于川滇地区的复杂构造特征，广泛分布的相对高硬度的花岗岩，次级断层极为发育，且断层相互作用明显，每一个地震的发震间隔都是构造背景与区域局部结构共同作用的结果，而本文的模型几乎包括了整个川滇地区，仅能就断层的主要结构进行建模，也就是说仅仅考虑了地震的区域构造背景。因此，即使本文给出断层破裂的具体运行时间，也很难与历史地震一一对应；③目前仅有1970年以来的历史地震为有仪器记录的地震，在1970年以前的历史地震存在定位精度差的问题，有些定位精度甚至大于100km，因此，无法确定历史地震发生在主要活动断裂的哪一段，这使得我们的模拟结果更难以与历史地震的具体时间进行一一对应。因此，本文的模拟目标是主要活动断裂的破裂顺序，并将这个时间顺序与历史地震发生的时间顺序进行对比验证。

在运行到第30步时，则木河断裂南段、小江断裂南端及红河断裂均发生破裂，则木河断裂的破裂可与1850年四川西昌普格间 $M_S7.5$ 地震相对应，红河断裂的破裂由于靠近模型边界导致整体发生破裂，小江断裂南端的破裂则受到红河断裂破裂的影响，可能与1887年云南石屏 $M_S7.0$ 地震对应。

运行到110步时，鲜水河断裂北段发生破裂，破裂长度约48km（图5.5c），在运行到140步时，鲜水河断裂的中南段发生了长度近50km的破裂（图5.5d），这两次地震可能与1893年四川道孚乾宁 $M_S7.0$ 地震和1904年四川道孚 $M_S7.0$ 地震对应。运行到230步时，鲜水河断裂的南段发生破裂，破裂长度约55km（图5.5e），从地震发生顺序来看，对应于1923年四川炉霍、道孚间 $M_S7.3$ 地震，此时鲜水河断裂北段存在一个较大的空区，并且这个空区持续到500步时才发生破裂，破裂长度约90km，这与1955年四川康定折多塘一带 $M_S7.5$ 地震所具有的大震级，长时间间隔的特征一致。此时，鲜水河断裂的所有节点都已发生了破裂，之后一部分断层节点再次闭锁（图5.5f）。

在加载至660步时，小江断裂南端开始发生破裂，破裂长度40~60km（图5.5g），其位置与1970年云南通海 $M_S7.8$ 地震一致。之后这部分节点反复闭锁且反复破裂，破裂长度基本一致，反映了这部分区域应力的反复调整，这与小江断裂南端较高频率的大地震活动一致。运行到1020步之后，鲜水河断裂北段再次发生大规模的破裂，破裂长度达到96km（图5.5h），是该断裂整个加载过程中最大的破裂，与1973年四川炉霍 $M_S7.6$ 地震的位置和时

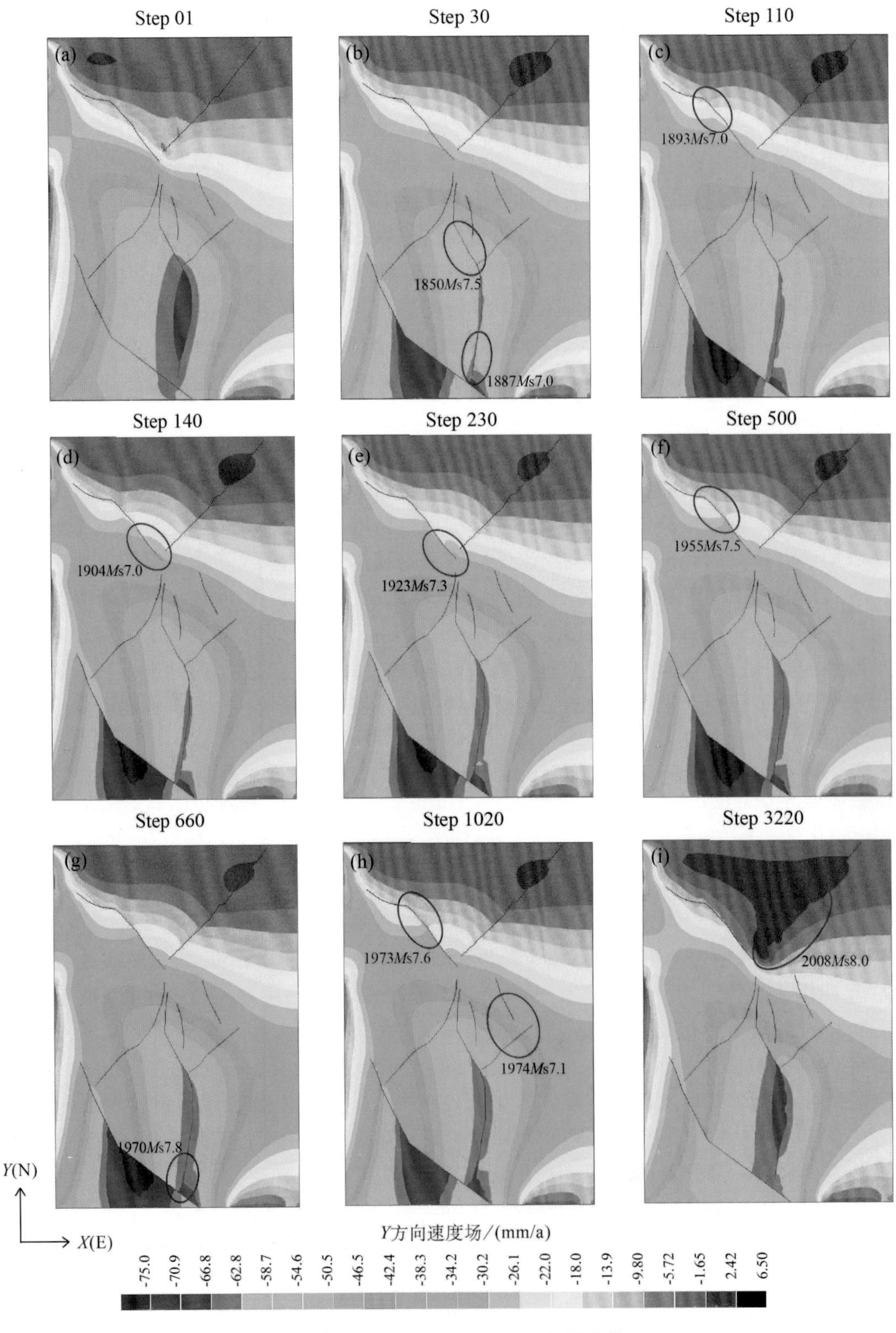


图 5.5 断层破裂过程与对应的历史地震（据姚琪等（2018a））

间、震级都有很好的对应。而在这个阶段，大凉山次级块体东缘的马边断裂南端、昭通—鲁甸断裂的中东段出现了较大的破裂，破裂长度达到 20km，其位置和震级可与 1974 年云南大关 $M_S$7.1 地震相对应（图 5.5h）。

在 3220 步之前，龙门山断裂断层西盘速度略高于东盘，断层南端和北端局部有破裂，而在运行到 3220 步时，龙门山断裂突然发生大规模的破裂（图 5.5i），破裂贯通龙门山断裂中北段，长度达到 210km，与 2008 年汶川 $M_S$8.0 地震地表破裂带长度基本一致（徐锡伟等，2008）。龙门山断裂带上的这种大规模的断层节点突然破裂，与 2008 年汶川 $M_S$8.0 地震的震前表现、地震破裂长度、震级都比较符合，体现了龙门山断裂带震前较低的加载速度和震中快速的破裂过程。但在该次破裂中，龙门山断裂的南段约有 40km 没有发生破裂，龙门山断裂以南地区也约有 35km 长的距离没有发生破裂。这些节点在震前已经发生破裂，却在震时发生闭锁。震后龙门山断裂中北段的节点快速恢复接触，而断裂南段的节点再次发生破裂，这可能对应于 2013 年芦山 $M_S$7.0 地震。

除了 7 级以上大地震之外，区域中等强度地震的集中活动在本次模拟中也有所体现。在运行到 400 步时，大凉山断裂北段发生破裂，破裂长度较小，仅约 24km，在 450 步时，这些破裂的节点又重新接触，断层两侧的速度等值线再次保持连续。而在此时，其相邻的龙门山断裂带南段、锦屏山断裂北端、马边断裂北段、安宁河断裂北段有局部断层节点发生破裂，破裂长度不到 10km，且断层节点很快就重新接触。这种局部的破裂可能与中等强度的地震相对应，历史地震记录表明，在 1923~1955 年，在龙门山断裂南段发生了 3 次 $M_S$5.5 以上的历史地震，最大地震为 1941 年 $M_S$6.0 地震，马边断裂带上发生了 4 次 6 级以上地震，最大震级达到 $M_S$6.8，在安宁河断裂上发生了 1952 年 $M_S$6.8 地震，锦屏山断裂周边发生了 3 次 $M_S$5.5 以上的地震，大凉山断裂的北段则发生了 $M_S$5.0 地震，表明这段时间的地震活动与这些节点的局部破裂有较好的对应。运行到 950~1140 步时，破裂的节点集中在鲜水河断裂和大凉山次级块体的东缘，这与 1970~1975 年的 $M_S$5.5 以上的地震活动集中区基本一致，主要集中在鲜水河断裂带和马边断裂带、昭通—鲁甸断裂带（姚琪等，2018a）。

### 5.1.4　未来长期地震应力变化量

在此基础上，继续加载边界载荷，计算可得 2013 年芦山 7.0 级地震之后数十年间的应力变化场。计算结果显示了鲜水河断裂的南端和北端、马边—盐津断裂的南侧、昭通—鲁甸断裂的西端、则木河断裂、丽江—小金河断裂的西端，以及整个四川盆地区域，具有较高的应力变化量，显示这些地区可能具有更高的地震危险性（图 5.6a）。其中，四川盆地的应力变化量尤其突出，这与 2008 年汶川 8.0 级地震和 2013 年芦山 7.0 级地震短时间内两次强震造成了四川盆地的弹性应力加载有关。在这两次地震后较长一段时间，四川盆地需要通过断层破裂释放和外围应力转移等方式将这部分积累的弹性应力进行释放。由于本模型中并没有设置盆地内的断裂来释放积累的应力，因此四川盆地整体短时间表现出突出的高应力变化量。

从芦山地震之后的地震分布也可以看出（图 5.6b），芦山地震之后，四川内部及周缘发生了大量的中小震，与本次模拟结果一致性较好。在小滇西和滇中块体南部的小震与模拟结果对应较差，可能是因为靠近边界，模型难以约束导致的。

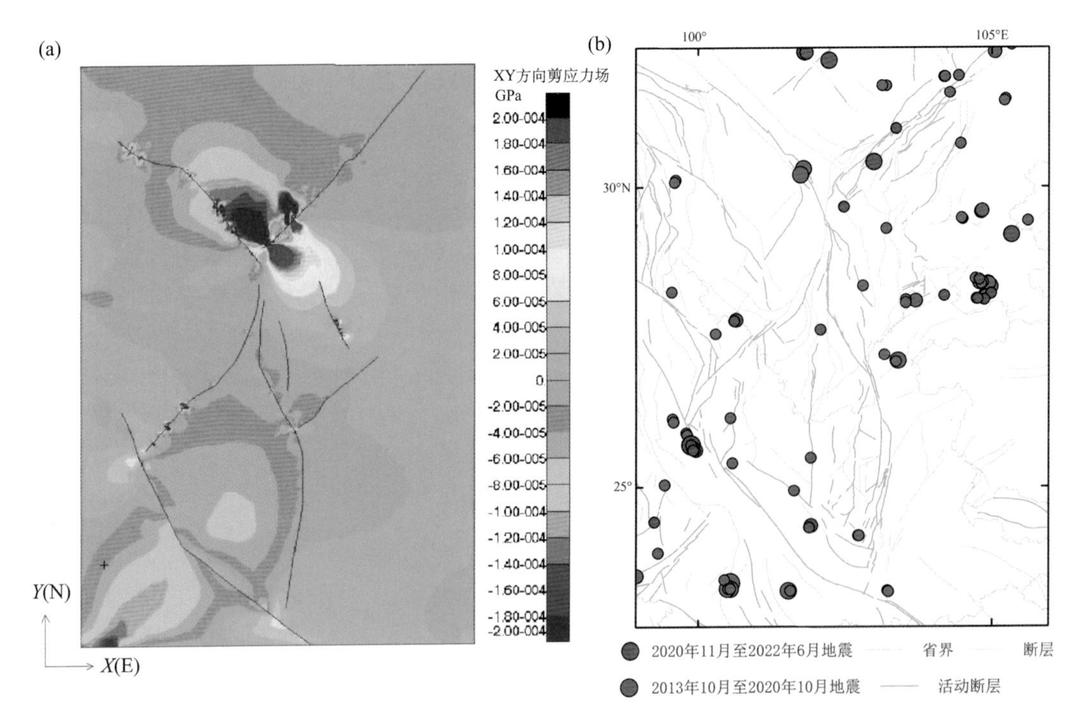


图 5.6　模拟所得的未来较长一段时间的剪应力变化量与小震分布对比

## 5.2　十年尺度的地震应力扰动

由于前述地震地质分析、数值模拟等工作都是围绕着活动断裂地表行迹、7 级以上历史强震来进行的，然而对川滇交界东南缘，以及中国地震科学实验场区来说，7 级以下的中强震也影响很大，譬如 2014 年鲁甸 6.5 级地震就造成了造成 600 余人死亡，100 余人失踪，3000 余人受伤的严重灾害。从应力场计算来说，2013 年芦山 7 级地震之后，直至 2020 年 10 月，川滇交界东南缘，乃至中国地震科学实验场区并没有发生 7 级以上地震，反而发生了多次 6 级左右的中等强度地震。因此，有必要将这些中等强度地震的影响囊括进川滇交界东南缘的数值预测中。

然而中强地震发震构造和地震破裂行为更复杂。很多中强地震并没有发生在活动地块边缘，也没有地表破裂带出露，地震破裂规模也远远小于强震。因此很难通过大范围的数值模拟来计算中等强度地震，如果仅针对单独的中等强度地震进行计算，又会陷于周缘高活动性断裂影响不明和计算范围过于局限的境地。

因此，我们采用 Okada（1985，1992）给出的均匀半无限空间同震位移和应力场的解析解，计算了 2013 年芦山 7.0 级地震之后，川滇交界东南缘 $M_W$5.5 以上地震（2013 年 4 月 21 日至 2020 年 9 月 30 日）造成的同震应力场。具体震源参数采用美国 Lamont-Doherty 全球观测项目（Global Centroid Moment Tensor Project，GMCT）提供的震源机制解（https://www.globalcmt.org/），并根据前人研究成果、区域应力场方向和断层地表迹线，确定所选择的节面，如表 5.1 所示。

表 5.1　震源参数列表

| No. | 经度（°E） | 纬度（°N） | 震源深度（km） | 时间（世界时） | 震级 $M_W$ | 地震性质 | 走向（°） | 倾角（°） | 滑动角（°） |
|---|---|---|---|---|---|---|---|---|---|
| 1 | 99.40 | 28.15 | 13.0 | 2013.08.31 | 5.7 | 走滑 | 299 | 53 | -73 |
| 2 | 103.50 | 27.06 | 14.6 | 2014.08.03 | 6.2 | 走滑 | 340 | 86 | -9 |
| 3 | 100.54 | 23.38 | 12.1 | 2014.10.07 | 6.1 | 走滑 | 329 | 81 | 174 |
| 4 | 101.78 | 30.24 | 24.6 | 2014.11.22 | 6.1 | 走滑 | 143 | 85 | -1 |
| 5 | 101.81 | 30.16 | 26.1 | 2014.11.25 | 5.7 | 走滑 | 328 | 89 | 1 |
| 6 | 100.59 | 23.28 | 12.0 | 2014.12.05 | 5.6 | 走滑 | 346 | 81 | 162 |
| 7 | 100.58 | 23.30 | 15.1 | 2014.12.06 | 5.5 | 走滑 | 339 | 71 | 173 |
| 8 | 103.89 | 33.21 | 16.2 | 2017.08.08 | 6.5 | 走滑 | 151 | 79 | -8 |
| 9 | 101.64 | 23.24 | 14.2 | 2018.09.08 | 5.7 | 走滑 | 126 | 80 | -178 |
| 10 | 104.95 | 28.38 | 12.0 | 2019.06.17 | 5.7 | 逆冲 | 16 | 63 | 135 |
| 11 | 98.88 | 32.99 | 22.8 | 2020.04.01 | 5.6 | 走滑 | 306 | 81 | 1 |

通过对 GCMT 提供的该区域所有的中强震（$M_W \geqslant 5.0$ 级）的走向、倾角和滑动角进行统计，获取了该区域优势发震断层。中强震优势走向为 95°、235°、350°，优势倾角为 85°，优势滑动角为-170°、0°、180°（图 5.7）。整体来说，优势发震为走向近 EW、NW 和 NS 高倾角的走滑断层。因此，我们以走向 350°，倾角 85°，滑动角 0°的节面作为接收断层参数，这也与鲜水河—小江断裂系的节面基本一致。计算深度分别取 0、5、15、20km，取其中库仑应力最大值的计算结果进行后续的计算。

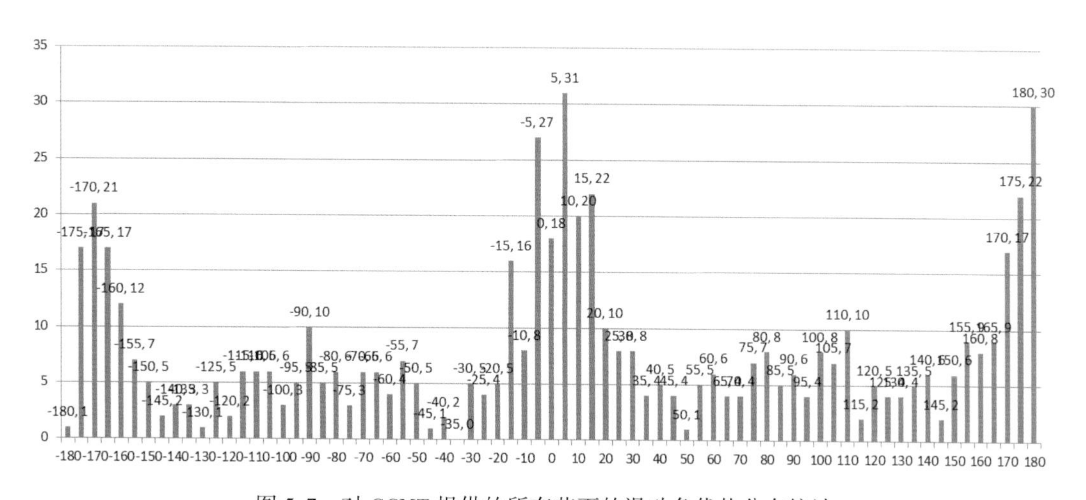


图 5.7　对 GCMT 提供的所有节面的滑动角优势分布统计

通过 Coulomb 3. 3 程序的计算，我们得到这些中强震同震剪应力变化量、正应力变化量和库仑应力变化量（图 5.8、图 5.9）。计算结果显示，同震剪应力改变较大的区域分别为 2017 年九寨沟 7. 0 级地震，并且 2014 年鲁甸 6. 5 级地震和 2014 年景谷 6. 6 级地震也对本地产生了较大影响（图 5. 9）。

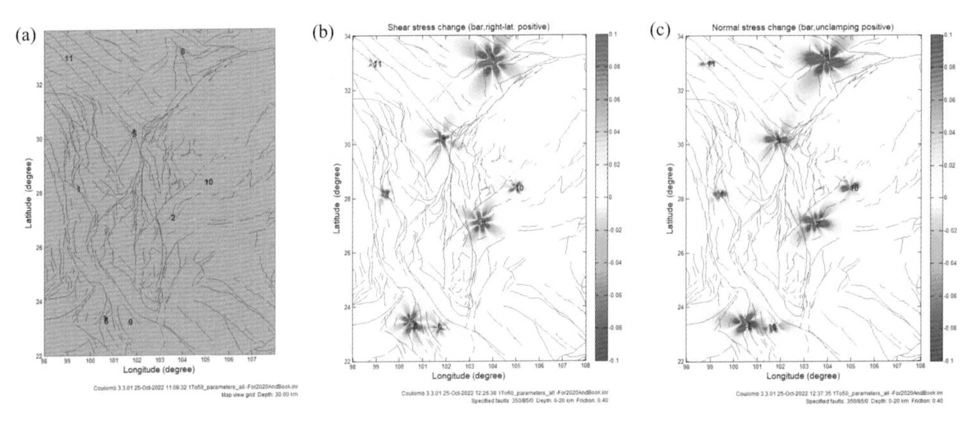


图 5. 8　同震应力计算模型和最大同震剪应力、最大同震正应力计算结果

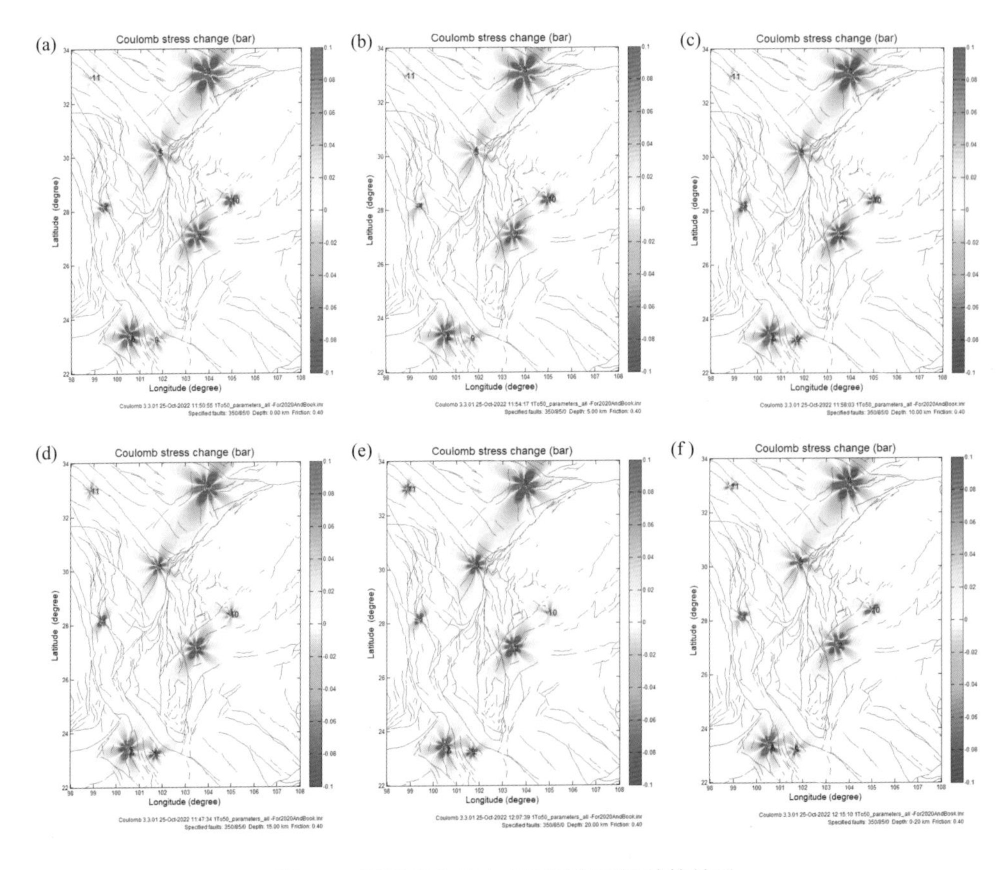


图 5. 9　同震库仑应力在不同深度的计算结果

在数值模拟所得的 2013 年芦山地震之后剪应力变化场叠加上了计算所得的同震剪应力场，就得到包含中等强度地震同震影响局部调整后的剪应力场。这个剪应力变化场主要与走滑型地震相关，这与我们模型建立和计算的初衷是一致的。中等强度的地震对局部区域的影响是较大的，但是不影响应力场分布的整体特征，具体见姚琪等（2023）。

## 5. 3　更短时间尺度的地震活动的变化

地震预测业务需要的时间尺度比上述的两种数值计算方法能够达到的时间尺度往往更短，因此我们引入了混合预测方法，将更短时间尺度的地震预测作为一种影响因素，叠加到前述应力背景场中，以达到缩短预测时间尺度的目标。

地震的空间分布异常被用于预测未来中等强度地震的空间位置。显著的小地震的空间分布异常，譬如短时间内某区域小震特别密集发生，或者原来小震较多的区域在一定时间尺度（几个月至 1~2 年）内地震明显减少，往往与异常分布区及其附近的中等强度地震相关，能够作为一个较短时间尺度的地震前兆。

本次工作采用核密度估计（Kernel Density Estimation）来计算小震在其周围邻域中的密度，可以体现出小震在空间上的聚集情况，既可以得到光滑的地震密度分布，又可以用余震的分布密度来得到大震的空间分布范围，解决以往地震密度统计中强震的破裂尺度估计问题（姚琪等，2023）。

核密度估计用以基于有限的样本推断总体数据的分布，其结果即为样本的概率密度函数估计，如公式（5. 14）至式（5. 17）所示（Silverman，1998）。

考虑一维数据 $x_x$，$i=0$、1、2、…、$n$，该样本的累积分布函数为 $F(x)$，概率密度函数为 $f(x)$，则有：

$$F(x_{i-1} < x < x_i) = \int_{x_{i-1}}^{x_i} f(x)\,dx \tag{5.14}$$

$$f(x_i) = \lim_{h\to 0} \frac{F(x_i + h) - F(x_i - h)}{2h} \tag{5.15}$$

$h$ 值被称为核密度计算中的带宽，$h$ 值太小容易造成样本数量过少而误差过大，$h$ 值太大则不满足 $h\to 0$ 的要求。实际计算中必须给定 $h$ 值，本文根据川滇地区地震监测能力，$h$ 值取水平分辨率（1. 2 ~ 2. 4km，根据中国地震台网中心公布的目录实测）的 10 倍，即 $h=20$km。

$$t = \frac{\| x - x_i \|}{h} \tag{5.16}$$

则当 $0\leqslant t\leqslant 1$ 时，$K(t) = 1$，$K_0(t) = 1/2K(t)$，则有 $\int K_0(t)\,dt = 1$。当 $0\leqslant t\leqslant 1$ 时，则有

$K_0(t)=1/2$，此时 $K_0(t)$ 就称为核函数，由此概率密度函数则表达为：

$$f(x)=\frac{1}{nh}\sum_{i=1}^{n}K_0\left(\frac{|x-x_i|}{h}\right) \tag{5.17}$$

我们利用核密度估计计算了 1970 年至 2020 年 10 月、2013 年芦山地震之后至 2020 年 10 月、2019 年 10 月至 2020 年 10 月发生地震的（$M_L$≥3.0 级）空间密度分布（图 5.10）。

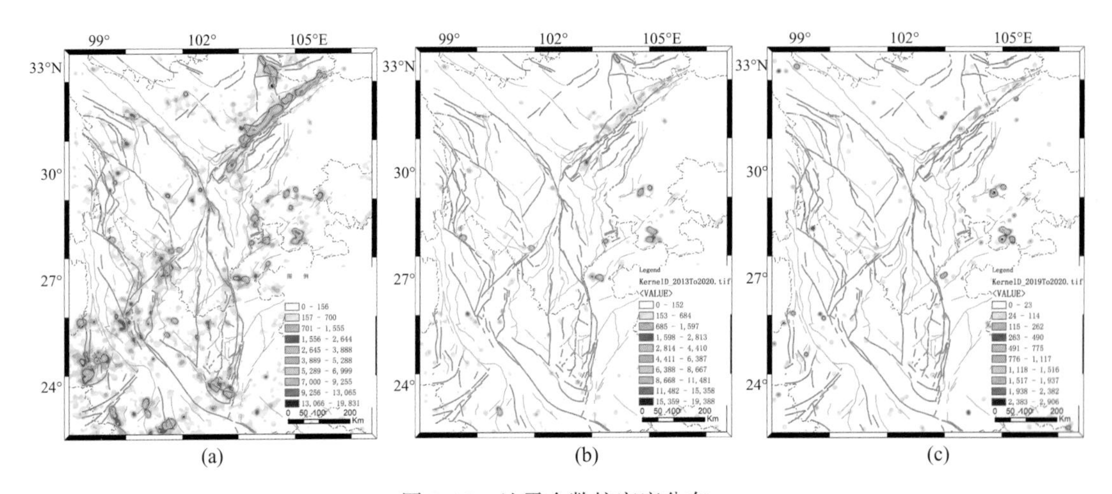


图 5.10　地震个数核密度分布

（a）1970 年至 2020 年 10 月；（b）2013 年芦山地震之后至 2020 年 10 月；（c）2019 年 10 月至 2020 年 10 月

将 2019 年 10 月至 2020 年 10 月发生地震的核密度与其他两个统计时间段的核密度的年均值进行对比，将这一年的核密度与前两者的年均值进行相减（图 5.11），就可以得到 2019 年 10 月至 2020 年 10 月这一年来的小震缺震与高频区域，指明了更短时间尺度（年尺度）具有发生中等强度地震风险的区域（姚琪等，2023）。

## 5.4　综合概率模型与地震危险区

如前所述，我们通过计算，分别获得了剪应力变化场和小震空间密度异常分布，分别指示了不同时间尺度，不同震级的地震危险性。为了将这两种计算结果结合起来进行混合预测，我们首先需要将这两个计算结果进行无量纲化，根据各自计算结果与地震危险性的关系，进行重新分类。由于目前尚未有这两种计算结果与地震危险性之间线性的定量关系，因此我们只能根据计算结果的高低进行重分类，将计算结果高值与高地震危险性进行简单关联。将两个计算结果分别等分为 10 个档次，自高而低，将所对应地震危险性最高的档次划分为 10，最低的划分为 1，得到了两个无量纲的地震危险性分布计算结果，具体见姚琪等（2023）。由于没有更多的证据和研究支持这两种计算结果的加权方式，本次仅尝试 1∶1 加权对重分类后的应力场数据和核密度数据进行直接叠加，得到混合预测的结果，如图 5.11 所示。

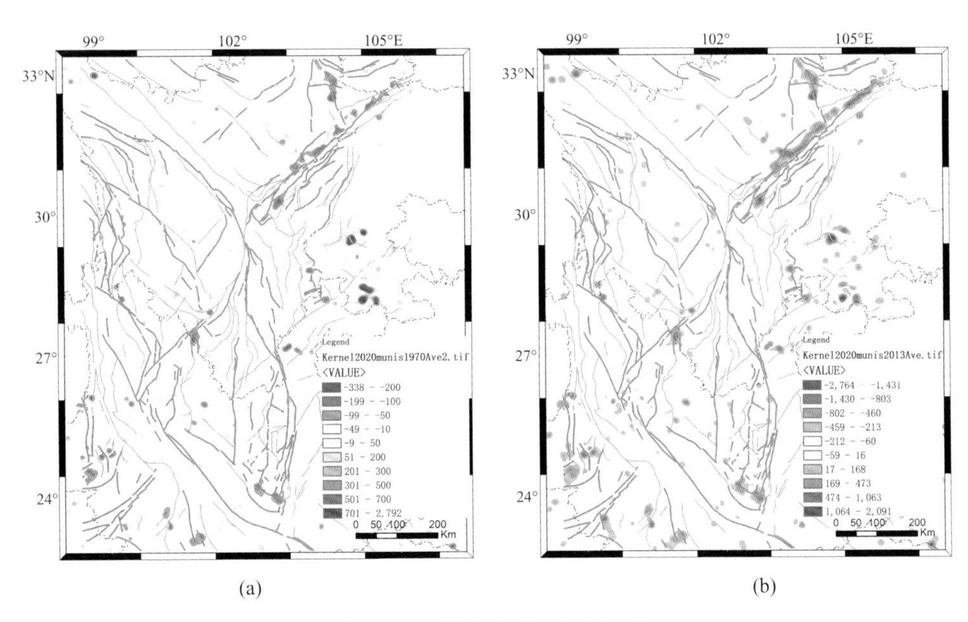


图 5.11　地震活动性异常计算

(a) 2019 年 10 月至 2020 年 10 月地震个数核密度与 1970 年至 2020 年 10 月地震个数核密度差值；
(b) 2013 年芦山地震之后至 2020 年 10 月地震个数核密度与 1970 年至 2020 年 10 月地震个数核密度差值

这种混合预测地震危险性的结果，是由数值计算所得的应力场，以及空间统计所得的地震发生率异常共同指明的地震危险性。因此预测的地震震级为中强地震（$M\geqslant5.5$ 级），混合预测时效为 1~20 年乃至更久。预测结果显示，在龙门山断裂带中段、龙门山山前断裂系南段、长宁—马边地区、鲁甸—家地区、丽江—小金河断裂中段、景谷—普尔地区、玉溪—个旧地区、泸水—保山地区这些地区可能具有较强的中强地震危险性。

本文团队已在 2020 年 10 月中国地震台网中心年度地震趋势会商中，根据上述混合预测计算思路和步骤，提出了针对中国地震科学实验场的年尺度地震数值预测结果。自预测结果提出至 2022 年 6 月 24 日，川滇地区发生了 4 次 6.0 级以上地震。其中，2022 年芦山 6.1 级地震、2021 年漾濞 6.4 级地震和 2021 年泸州 6.0 级地震均在混合预测所得地震危险性高的地区发生，仅有 2022 年马尔康 6.0 级地震没有处于混合预测所得地震危险性高的地区（图 5.12）。

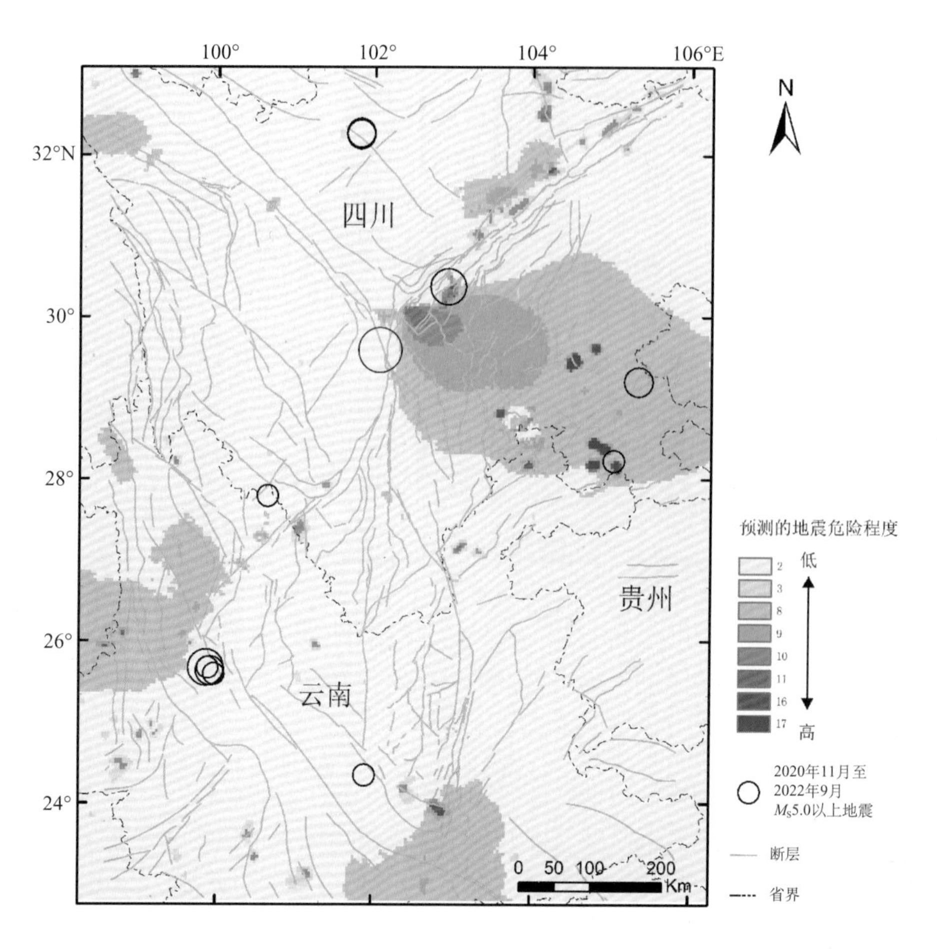


图 5.12　地震数值预测结果和与 2020 年 10 月至 2022 年 6 月发生的 6 级以上地震（据姚琪等（2022）修改）

# 第 6 章　地震数值预测总体设计实践的尝试：中国地震科学实验场

## 6.1　中国地震科学实验场的基本情况

### 6.1.1　实验场作为地震预测研究的“野外实验室”

我国在地震科学实验场方面的尝试，还包括新疆地震实验场（1971~1975 年）、山西地震预报实验场（1971~1974 年）、京津唐张地震实验场（1980~1984 年）、华北地震实验场（1982~1986 年）等（孙其政和吴书贵，2007）。2014~2017 年以滇西地震预报实验场为基础建设的川滇国家地震监测预报实验场，为中国地震科学实验场准备了基础，大规模的“野外地震科学实验”的概念，至少可以追溯到 1966 年邢台地震。

20 世纪中叶以来，国际上在地震科学实验场方面开展了持续而曲折的尝试。著名的实验场至少包括前苏联所建的一系列地震预报实验场（朱传镇，1991）——加尔姆实验场（1955 年起）、堪察加实验场（1961 年起）、阿拉木图实验场（1966 年起）、北天山实验场（1968 年起），以及土耳其地震科学实验场（1979~1991 年；Evans et al.，1987）、美国帕克菲尔德地震预报实验场（1985~1994 年；Bakun and Lindh，1985；Roeloffs，2000）、冰岛地震科学实验场（1988~2001 年），还有约于 1960 年代末开始的印度库耶那水库诱发地震监测预测实验（Gupta，2001）等。目前，被美国南加州地震中心（SCEC，https：//www. scec. org/）作为天然实验室（natural laboratory）的加州南部，已成为一个卓有成效的地震科学实验场；俄罗斯的堪察加地震预报实验场和日本的东海地震预报实验（Davis and Somerville，1982；Mogi，2004）已坚持多年，仍在继续工作。

### 6.1.2　川滇地区作为地震科技的“野外实验室”

川滇地区位于世界“第三极”青藏高原的东缘；邻近“喜马拉雅弧东构造结”；有压缩、剪切、拉张等各类断裂系统；既有板缘地震，也有板内地震。实验场区范围为从川甘交界到云南南部，即 97.5°~105.5°E、21°~32°N 范围的国境内区域，范围约 $78\times10^4 km^2$。该地区有龙门山、鲜水河、安宁河、则木河、大凉山、小江、红河、小金河等重要断裂带。在这个地区曾发生过 2008 年 5 月 12 日汶川 8.0 级地震、2013 年 4 月 20 日芦山 7.0 级地震、2014 年 8 月 3 日鲁甸 6.5 级地震等。从 1965 年以来的地震活动的经验看，这里每 10 年约有 14 次 6.0 级以上地震，包括 3 次 7.0 级以上地震；与这些地震的“短兵相接”，为面向减轻地震灾害风险的地震科学实验提供了难得的“战机”（中国地震科学实验场科学设计编写组，2019）。相关的研究，不仅可以丰富和深化对大陆地震和防震减灾“全链条”科学问题的认识，并以“地震科学野外实验室”形成国际水准的创新平台，而且可以为民生保障、扶贫脱困，特别是川藏/滇藏铁路、重大水利设施、页岩气开采等国家战略工程的地震安全保障提供宝贵的基础科学资料（吴忠良等，2021a）。

### 6.1.3 实验场的设计与规划

21 世纪初以来，中国地震科学实验场经历了大约三个五年计划的讨论、计划、准备、试验。2004 年 8 月，中国地震局组织完成了《地震监测预报实验场（EPF）建设项目可行性研究报告》（中国地震局，2004），建议利用地球物理、地震地质、大地测量和地球化学等观测技术，建设首都圈、川滇、天山地震监测预报实验场。2005 年 4 月，中国地震局组织完成了《中国地震监测预报试验场项目建议书》（中国地震局，2005），落实国务院“选择地震多发地区及首都圈地区建设地震监测预报试验场，加强地震预报科学研究”的要求，建议在首都圈和川滇地区建立地震监测预报实验场。2006 年 3 月，中国地震局修改完善《中国地震监测预报实验场》项目建议书，建议在“十五”计划“中国数字地震观测网络”的监测系统的基础上，在首都圈和川滇地区建设立体化、近震源、高分辨率的观测体系，发展新的观测技术，建立地震预测和预警系统。2007 年 12 月，中国地震局组织完成了《国家“十一五”重点建设项目“国家地震安全工程”——国家地震预报实验场建设项目建议书代可行性研究报告》（中国地震局，2007），报送至国家发展改革委，建议在首都圈和川滇地区建设地震监测预报实验场，在“中国地震背景场探测工程”产出的基础上，充分利用国家地震专业基础设施的建设成果，结合实验场区的实际情况，详细查明实验场孕震精细构造背景，建设多学科综合立体观测系统，建设开放的地震综合预报实验平台，提高短临地震预测的科学性（吴忠良等，2021b）。

实验场的计划因汶川地震中断了一年，汶川地震则进一步表明建设实验场是重要而紧迫的。2009 年 6 月，中国地震局组织完成了《地震预报实验场项目建议书预研报告》（中国地震局，2009），总结地震预测预报研究和地震预报实验场的发展状况和动态，梳理地震预报实验场的科学思路与科学目标，分析了实验场项目的可行性和总体设计方案，提出了在南北地震带南段建设实验场的设计思路建议。2010 年 6 月，中国地震局组织完成了《国家地震预报实验场建设项目建议书》（中国地震局，2010），建议在首都圈和川滇地区建设地震监测预报实验场，突出新观测技术的实验与应用。2011 年 12 月，《国家地震预报实验场建设项目建议书（征求意见稿）》修订完成，提出基于已有国家地震观测探测工程的建设成果，通过新建各类观测系统形成近场与区域相结合、疏密相间的多学科动态立体观测系统，并配套建设国家实验场中心、若干实验场基地、数据交换平台等基础设施。2012 年 12 月，中国地震局组织完成了《国家地震预报实验场项目建议书》（中国地震局，2012），建议建设由首都圈地震预报实验场、川滇地震预报实验场和国家地震预报实验场中心三部分组成的实验场。

### 6.1.4 实验场的实践与试点及第一代科学产品

2014~2018 年建设运行的川滇国家地震监测预报实验场，为中国地震科学实验场的建设积累了宝贵的组织经验和良好的实践基础，其根据地震活动情况和地质构造情况所确定的实验场基本范围，一直沿用至今。

关于地震数值预测，它是什么、怎么做、怎么用，是迄今为止并不十分清晰的问题。地震数值预测既然涉及高性能计算，既然涉及实验场的公共模型，那表明这个领域需要不同部门、不同专业、不同代际的专家的持续合作。所以，在实验场形成一个地震数值预测总体设计，并不断修订发展就显得至关重要。

到 2019 年底，形成了实验场科学产品示范，包括公共模型 4 个：1.0 版速度模型、断层模型、形变模型、流变模型；实验场基础数据集 3 个：重新定位地震目录、震源机制解目录、“去丛” 地震目录；科学预测模型 1 个：30 年尺度强地面运动概率预测模型（《中国地震科学实验场数据年报（2019）》编写组，2021）。对拟入选的科技产品进行同行评审，用与科技论文相似的形式赋予数字目标识别码（DOI）（吴忠良等，2021c）。

### 6.1.5　地震预测与系统设计

地震预测研究突破面临的主要障碍来自地球的不可入性、强地震的非频发性、地震孕育与发生过程的复杂性。其中，地球内部的不可入性这个问题，其实是一个重要而基本的物理问题（吴忠良等，2021d）。在物理中，把握一个体系的变化，未必需要了解这个体系的全部细节。例如，如果我们试图预测一杯水会不会结冰，我们并不需要了解这杯水中的每个水分子的运动（就是说我们不必了解很多细节），同样也不需要知道这个杯子的形状和性能（就是说我们并不需要那些没有直接关联的信息）。我们做出预测需要关注的，是决定水的状态的最重要的参量，即温度和气压。地震的非频发性，即我们在时间上与一次强震“相遇”的机会并不多，其实反映了空间维度上的困难——我们近距离地研究一次强震的机会并不多。选择地震活动频繁的地区开展实验，或者把实验场区范围适度扩大都是应对问题的自然的对策（《中国地震科学实验场科学设计》编写组，2019）。而建设不同实验场以“协同分布式实验”（CDEs）的方式（Fraser et al.，2012）进行对比研究，提供了一种有效的辅助对策（Schorlemmer et al.，2018；Wu et al.，2019）。地震孕育发生过程的非线性和由此所导致的复杂性是 20 世纪地震预测问题国际争论的理论源头之一（Turcotte，1992）。SOC 模型对地震预测的支持，其实远远超出其支持者和批评者从两个对立的角度所做的估计。尤其是，如果没有 SOC，那么用简单的物理模型甚至“玩具式模型”来模拟地震活动性和单个地震的孕育过程，从根本上就是不合理的，从而地震的物理预测（和数值预测）的理论基础将全面动摇。值得注意的是，克服地球内部的不可入性、强震的非频发性所带来的困难，其解决问题的钥匙恰恰存在于地震孕育和发生过程的复杂性之中。因为在地球内部不可入的条件下，用模型试错（所用的模型与真实世界相比不得不是“简单”的）来确认、改进预测能力成为唯一的选择；在强震发生频率很低、从而经验总结存在困难的情况下，把对模型地震（序列）的研究和对真实地震（序列）的研究结合起来，便成为一个有效的研究策略。

## 6.2 中国地震科学实验场提供的作为地震数值预测实验输入的公共模型

中国地震科学实验场计划构建地震动力学概率预测模型，力图建立统一介质模型、广义地震目录、统一断层模型、破裂模型、地质构造演化模型、大地测量模型、区域变形模型、断层变形模型、地块模型、应力模型等公共基础模型。这些模型都对实验场区地震数值预测至关重要。尤其是在采用不同的方法和方程来模拟强震孕育演化发生，进行地震数值预测实验的时候，可能分别需要采用其中若干种模型来进行计算。如果没有这些统一的基础模型，则会导致地震数值预测实验无法进行交叉对比。

经过第一期实验场建设，已经建立了 4 个统一公共模型和 3 个基础数据集的初级版本，根据中国地震科学实验场网站（http：//www. cses. ac. cn）公布的信息，选取对地震数值预测关联较大的内容，简述如下：

### 6.2.1 断层模型

断层模型是中国地震科学实验场统一公共模型中最为重要的部分之一。美国统一的加利福尼亚州地震破裂预测系统（UCERF），最早建立的公共模型之一就是断层模型。无论对地震数值预测还是对后续的强地震运动概率计算，断层模型都在其中起到最为关键的作用。

断层模型的最终目标是建立川滇地区包括地形地貌、主要活动断裂地表迹线、地震目录、活动断裂地下三维结构的统一断层模型数据库；初步揭示主要活动断裂在三维空间的展布和几何结构。

中国地震局地质研究所鲁人齐研究员团队地表活动断层数据、震源机制解、小震精定位、地壳速度模型、人工地震反射剖面、大地电磁数据和剖面等数据，利用根据正、逆断层相关褶皱理论、构造剖面平衡恢复与检验方法、多源数据融合与属性分析、多元约束活动断层三维建模技术等理论、方法和技术，初步建立了川滇地区三维建模综合数据库和平台，完成川滇地区主要活动断裂三维断层初始模型测试 V1. 1 版。

该测试 V1. 1 版三维断层模型在龙门山地区精度较高；鲜水河断裂带、安宁河—则木河断裂带次之，其他地区断层约束程度还比较低。

该模型已在中国地震科学实验场网站（http：//www. cses. ac. cn）上共享了测试版断层数据，其数据表现为 UTM 坐标系统（WGS84；48zone）下的断层面三角网格的节点数据，dat 文件中包含每一个节点的大地坐标和断层标识，可直接导入到 SKUA-GOCAD 三维建模平台进行查看，也可导入有限元建模软件或其他可识别点格式的软件、程序进行后续计算。

另外，天津大学刘静教授团队在实验场框架下，整合国内外历年研究成果，公布了实验场主要活动断裂地表行迹的 KMZ 格式数据。

### 6.2.2　速度模型

区域高精度三维速度结构参考模型对认识孕震发震区的结构物性特征、地震精定位、震源机制、地震破裂过程的精确快速反演、地表强地面运动的可靠计算及震害评估等工作能够提供核心支撑。对地震数值预测来说，速度模型不仅能够用于确定网格的物性特征，也有助于进一步确定主要断裂的深部结构，为分析判定强震孕震机制提供重要支撑。

在中国地震科学实验场，中国科学技术大学姚华建教授团队通过收集固定及流动地震台网的多种数据（包括地震数据、背景噪声数据、主动震源数据），计算了台站下方的地壳上地幔顶部（0~70km 深度）的一维层状 S 波速度结构模型，再将所有台站的一维层状模型拼合在一起获得了川滇地区三维地壳上地幔顶部横波速度结构模型 SWChinaVs_2018*，并对此模型进行高斯平滑，以此作为体波及面波联合反演的初始模型。选择水平间隔 0.5°，垂向间隔 5~10km 的网格划分，通过多次反演，选择适当的反演参数，获得了较为精细、可靠的川滇地区（97°~108°E，21°~34°N）70 km 深度以上的岩石圈 $V_P$ 和 $V_S$ 三维结构模型 1.0 版本（大部分区域的横向分辨率达 30~50km），以及川滇地区 Moho 界面模型 1.0 版本（大部分区域的横向分辨率达 30~50km）。

该公共速度结构模型已在中国地震科学实验场网站（http：//www.cses.ac.cn）上共享了 1.0 版本，其分享的数据包括：

（1）川滇地区三维地壳上地幔顶部的速度结构模型 SWChinaCVM1.0，格式为点数据，包括每个点的经纬度、深度、$V_P$(km/s) 和 $V_S$(km/s)。

（2）采用单台接收函数 H-k 叠加方法获得的地壳厚度及波速 hk_result_h.all.CD.1 和采用接收函数 CCP 叠加方法获得的地壳厚度 prfCCP-tomo，均为点格式。其中 hk_result_h.all.CD.1 数据不仅包括了地壳厚度，还包括了地壳厚度误差、平均地壳波速比、平均地壳波速比误差、结果质量等数据。

### 6.2.3　形变模型

以大地测量资料为基础的形变模型是进行地震孕育机理研究和地震预测的重要手段。在中国地震科学实验场 15 个主要科学问题中，与形变模型强相关的有 6 个，主要表现在：

（1）为研究实验场中主要活动断裂应力应变累积过程、地震引起的库仑应力变化提供必要的变形数据约束（科学问题 2、9）；

（2）为断层结构模型、块体划分、断层分段和级联破裂提供形变依据（科学问题 3、4、6）；

（3）为地震预测模型提供必需的输入数据（科学问题 11）。

通过大地测量数据的收集与处理、GPS 速度场解算、速度场模型建立、应变率场模型建立、结果验证等过程，在 Zheng（2017）基础上，增加了站点，解算了 517 个测站的 GPS 速度，提高了观测结果的精度和可靠性，建立了实验场区速度场模型和应变率模型。

形变模型已在中国地震科学实验场网站（http：//www.cses.ac.cn）上共享，其共享的

---

* Yao H J, Yang Y, Wu H X, Zhang P and Wang M M, 2019. Crustal shear velocity model in Southwest China from joint seismological inversion. CSES Scientific Products.

数据包括三部分：GPS 观测速度场、GPS 速度场模型、应变率场模型。其中 GPS 观测速度场为文本文件（cses_gps19. dat），GPS 速度场模型（ve. grd，vn. grd）和应变率场模型（2nd_strain. grd），均为 GMT 的 GRID 格式，能够用 GMT 或其他 GIS 软件打开。

此外，中国地震局第二监测中心徐晶研究员团队根据岩石实验资料、壳幔温度状态及震间 GPS 资料估算了川滇地区的粘带结构，给出了流变模型基础数据。

### 6.2.4　震源机制解目录

地震的震源参数是研究地震和认识地震的重要组成部分，通过研究地震的震源机制解，可以了解相关地震性质，探索发震机理和孕震机制，明确地震破裂和传播特性，提示应力场状态。对地震数值预测来说，对震源机制解的分析能够为地震模型的建立提供关键数据，震源机制解反应的应力状态又是模拟过程和计算结果的验证对象。

收集了 2009~2017 年间实验场区的地震的波形数据，对 4 级以上地震采用波形反演方法及序列发展方法计算其震源机制解、震源深度和矩震级；对于速度模型比较好的情况，采用矩张量反演，确定双偶源和非双偶源的成分。对一些显著地震，结合精细的速度结构，利用 CAP、gCAP 等方法和深度震相波形对比方法对震源深度进行精确测定，将这些地震作为参考震例，进一步提高地震定位的精度。

震源机制解分成三个独立的研究小组分别进行反演计算，其中中国地质大学（北京）郑勇教授课题组利用 gCAP 方法总共得到了 592 个结果比较好的震源机制解结果，中国科学技术大学姚华建教授学科组根据数据的信噪比和初至的清晰程度，对 446 个地震事件进行了震源机制反演，中国科学院测量与地球物理研究所储日升研究员学科组利用 CAP 方法进行反演，共获得 536 个地震的震源机制解、矩震级和深度。通过对比这三个小组的计算结果和美国 Lamont-Doherty 全球观测项目（Global Centroid Moment Tensor Project，GMCT）提供的震源机制解（https：//www. globalcmt. org/）进行对比分析，确定三个小组的结果在较大地震（$M_L$>4. 5 级）上一致性很好，$M_W$≥5 级的地震的震源机制解和 GCMT 的结果基本一致。

震源机制解目录已在中国地震科学实验场网站（http：//www. cses. ac. cn）上共享，其共享的数据包括统一的震源机制解目录，以及三个独立小组计算所得的震源机制解目录。震源机制解为双力偶解，共享的数据择其中一个节面的走向、倾角和滑动角显示，其深度为震源的矩心深度。

### 6.2.5　重新定位地震目录

在确定未来危险区位置、强度和紧迫程度的方法上，地震活动性定量分析是获取区域和局部地震活动性的量化特征、分析地震活动与区域和局部应力场变化，进而分析与强震/大地震相关前兆信息的重要途径之一。由于历史原因，目前的小震目录存在较为严重的定位误差问题，通过对大量小震的重新定位，厘定确切位置，不仅有助于建立断层三维模型，也能更精确地反映应力场的状态，指明应力聚集区域，为地震数值预测提供关键支撑。

实验场完成了 2009 年 1 月至 2019 年 3 月南北地震带 $M_L$≥1. 5 级的 127009 条地震的重新定位。重新定位后的目录已在中国地震科学实验场网站（http：//www. cses. ac. cn）上共享，其共享的数据为地震目录文件，包含了地震的经纬度、时间、震级和深度。

### 6.2.6　“去丛”地震目录

混杂在地震目录中的余震序列、前震序列、震群等地震丛集事件，对以背景地震为主要研究对象的科学研究带来较大的干扰，同时这些丛集事件也具有剩余能量释放、反映流体等参与下的特殊的地震活动演化物理含义，相关的研究工作需要将这些事件挑选出来。因此地震目录“去丛”，能够建立符合地震物理本身规律的地震背景数据集，也能为特定地震活动研究提供具有针对性的样本。

对川滇国家地震科学实验场区内（25.0°~35.0°N，97.0°~110.0°E），有现代地震记录以来的3级以上地震目录（15559次地震事件），采用时—空“传染型余震序列”模型（ETAS）的随机除丛法进行地震目录的除丛处理，计算了相对可靠的背景地震目录，获得了相应的背景地震概率，以共享并提供实验场区内开展地震预测建模、地震活动分析和工程地震学研究等使用（蒋长胜等，2010）。

该目录已在中国地震科学实验场网站（http：//www.cses.ac.cn）上共享，包含了“去从”后的地震目录，以及相应的背景地震概率。在具体应用中，可采用两种方式使用网站共享的“去丛”地震目录：①利用背景地震概率，以$M \geqslant 0.5$级或其他数值作为判断背景地震的阈值，进行地震事件的筛选，满足该阈值的为背景地震，不满足相应阈值的则为丛集事件；②将背景地震概率作为背景地震事件的权重，直接带入相应的地震活动分析中。

在地震数值预测中，“去丛”地震目录和背景地震概率可以作为背景应力分布和地震活动性分析的依据，既可作为建模的依据，也能作为计算结果验证的资料。

## 6.3　中国地震科学实验场地震数值预测系统的总体设计

中国地震科学实验场的总体目标是深化地震孕育发生规律和成灾机理的科学认识、提高地震风险的抗御能力，建设集野外观测、数值模拟、科学验证及科技成果转化应用为一体，具有中国特色、世界一流的地震科学实验场（中国地震科学实验场科学设计编写组，2019）。实验场建设面向世界科技前沿，将为探索地球深部物质组成状态与演化、深化地震孕育发生规律和成灾机理等重大科学问题提供理论支撑。

中国地震科学实验场区域位于欧亚板块与印度板块互相碰撞挤压、强烈变形的地区，涵盖川滇菱形地块、滇南地块、滇西地块、巴颜喀拉地块东段等活动地块，构造环境复杂，具有挤压、剪切、拉张等各类断裂系统，包括龙门山断裂带、鲜水河—安宁河—则木河—小江断裂带、红河断裂带、丽江—小金河断裂带等重要断裂，是中国大陆与周边板块动力传递的关键部位。实验场区位于我国大陆强震频度最高的南北地震带中、南段，地震灾害特别严重。这些地震中既有板内地震，也有板间地震发生。

川滇地区地震和构造的复杂性和多样性，既是该地区被选为实验场区的原因，也为地震数值预测带来了一定的困难和复杂性。从整个实验场区的具体情况入手，地震数值预测的设计应从不同构造层次，不同地震类型、不同地震阶段入手进行总体设计，并实现不同计算之间的交叉和综合，以实现最终的地震危险性综合评价。

### 6.3.1　分层次设计——不同构造层次

由于中国地震科学实验场区的构造非常复杂，其相关的地震问题不仅仅与本地的构造相关，与更大范围的大地构造背景也具有密切的关联。然而，从地震数值预测的角度，如果构建涵盖从板块到目标断裂的模型，则会导致网格划分、计算精度、步长设置等一系列的问题，因此，需要根据不同的计算目标和计算能力，分层次进行设计，采用不同的数据和不同的计算方式来进行计算，如图 6.1 所示。

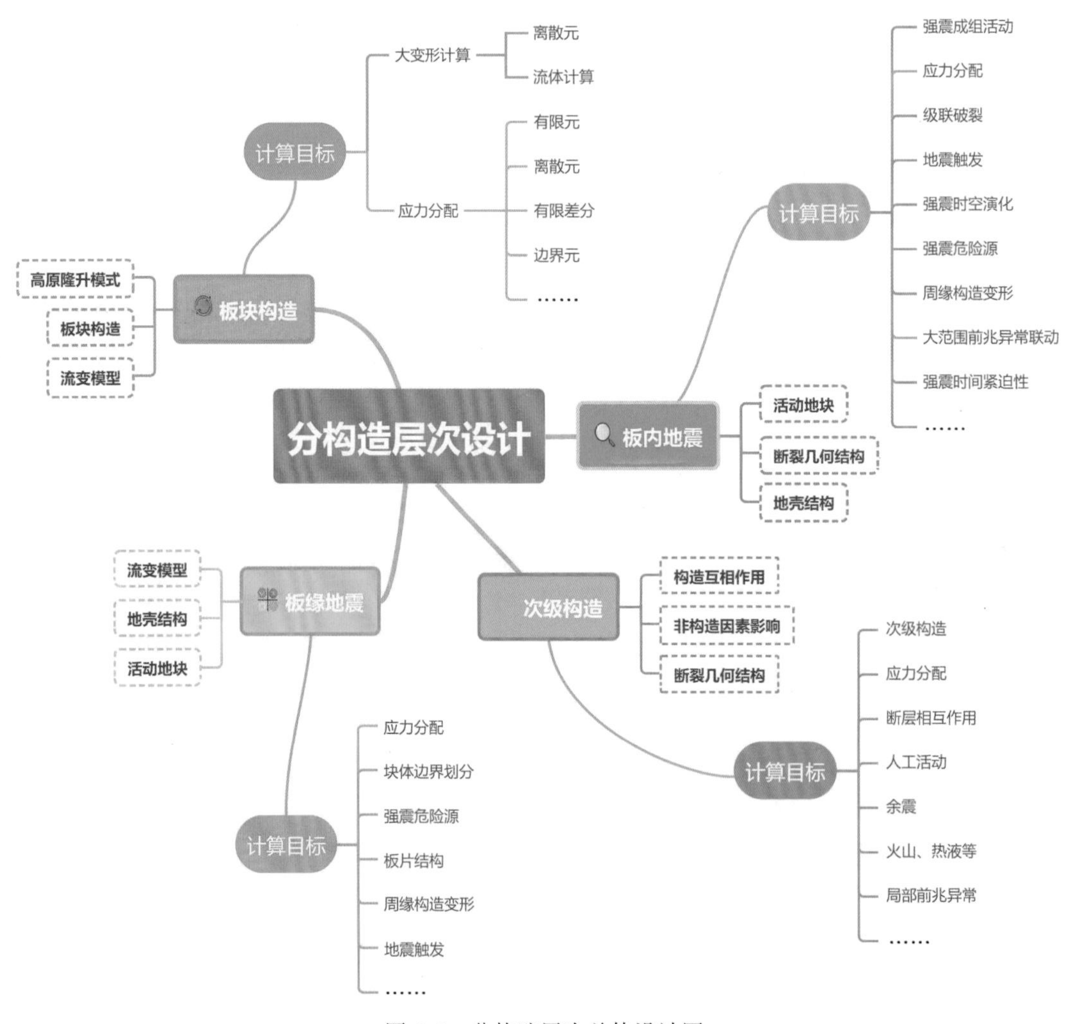


图 6.1　分构造层次总体设计图

根据计算和模拟的层次，可从板块构造—板缘地震—板内地震—次级构造四个层次去分解需要解决的问题，并且不同的问题采用的计算方式也应有相应的调整。

从图 6.1 可以看出，无论何种层次，应力分配都是计算的重点，也是地震数值预测计算的其中一个重要目标。但是对不同的构造层次，计算的目标和使用的方法有一些差异，具体如下：

在板块构造层次，计算的模型一般涵盖若干板块，深度上涵盖地壳至上地幔，时间上多为百万年尺度。在建模过程中不仅需要考虑到块体变形的驱动力、流变结构、高温高压变形的影响，还需要考虑大规模建模中投影坐标系的设定、板块变形历史、板块深部结构等因素。如果计算目标涵盖若干地质历史时期的板块大变形时空演化历史，那就需要采用离散元方法，或者流体计算方法，或多次重构网格等适用于大变形计算的方法。

在板缘地震层次，大多需要考虑活动地块、地壳结构、流变模型等因素，从地壳形变、地震活动性、震源参数变化等信息提取板缘强震的孕育、发生和发展的物理和数学模型，以期对强震时空演化模型、板缘构造变形模型等理论模型进行验证，得到板缘的应力状态和数千年至数百年尺度地震危险性分析的计算结果。

在板内地震层次，主要使用地震构造、地壳精细结构、高分辨率动态地壳形变、地震活动参数变化等因素，构建以若干活动地块或其主要边界断裂主体地区为目标的物理和数学模型，分析中国地震实验场活动地块及其边界带变形的时空分布及其动力过程，研究主要边界断层的变形失稳与强震孕育、发生、迁移及触发机制，计算应力场演化过程，确定断层的应力状态、探查主要断层段具有的强震风险性和强震紧迫性，计算强震可能造成的危险。

在次级构造层次，主要是关注中强地震、次级构造、地壳精细结构及人工活动、热液、火山活动等因素影响下，地震的孕震、发生和破裂过程中，多种地球物理场前兆现象的模拟与解释，以及周缘强震对次级构造的触发作用等。

### 6.3.2　分类型设计——不同地震类型

地震根据震级的大小，主要可以划分为巨大地震（$M \geqslant 8$ 级）、大地震（$7 \leqslant M<8$ 级）、强震（$6 \leqslant M<7$ 级）、中强震（$4.5 \leqslant M<6$ 级）和小震（$M<4.5$ 级）。对于不同震级类型的地震，由于各自的规格和孕震体、孕震时间存在较大差异，也应采用不同的方式进行模拟和计算，应分别进行地震数值预测的总体设计，具体如图 6.2 所示。

由于巨震的孕震和影响都是全球尺度的，对巨震的计算模拟需要考虑到更大尺度的物理模型，更凝练的孕震因素分析与提取，更大规模的计算。

强震—巨震规模的地震，是目前研究程度较高的，需要考虑的因素较多。通过构建强震孕育、发生的构造和介质模型，采取一定的数值计算方法，从多种角度对计算结果进行分析，验证强震孕震模型、断层级联破裂模型等，对区域地震的危险性进行预测，并将预测结果用于计算强震可能的地震动概率分布。

中强地震孕震规模小，计算周期短，与多物理场前兆观测数据联系紧密，需要从地壳的精细结构、次级构造，以及高精度的地形变观测结果分析出发，在考虑更大范围孕震背景的前提下，确定模拟和计算的地震阶段和周边应力环境，进行更有针对性的数值计算。

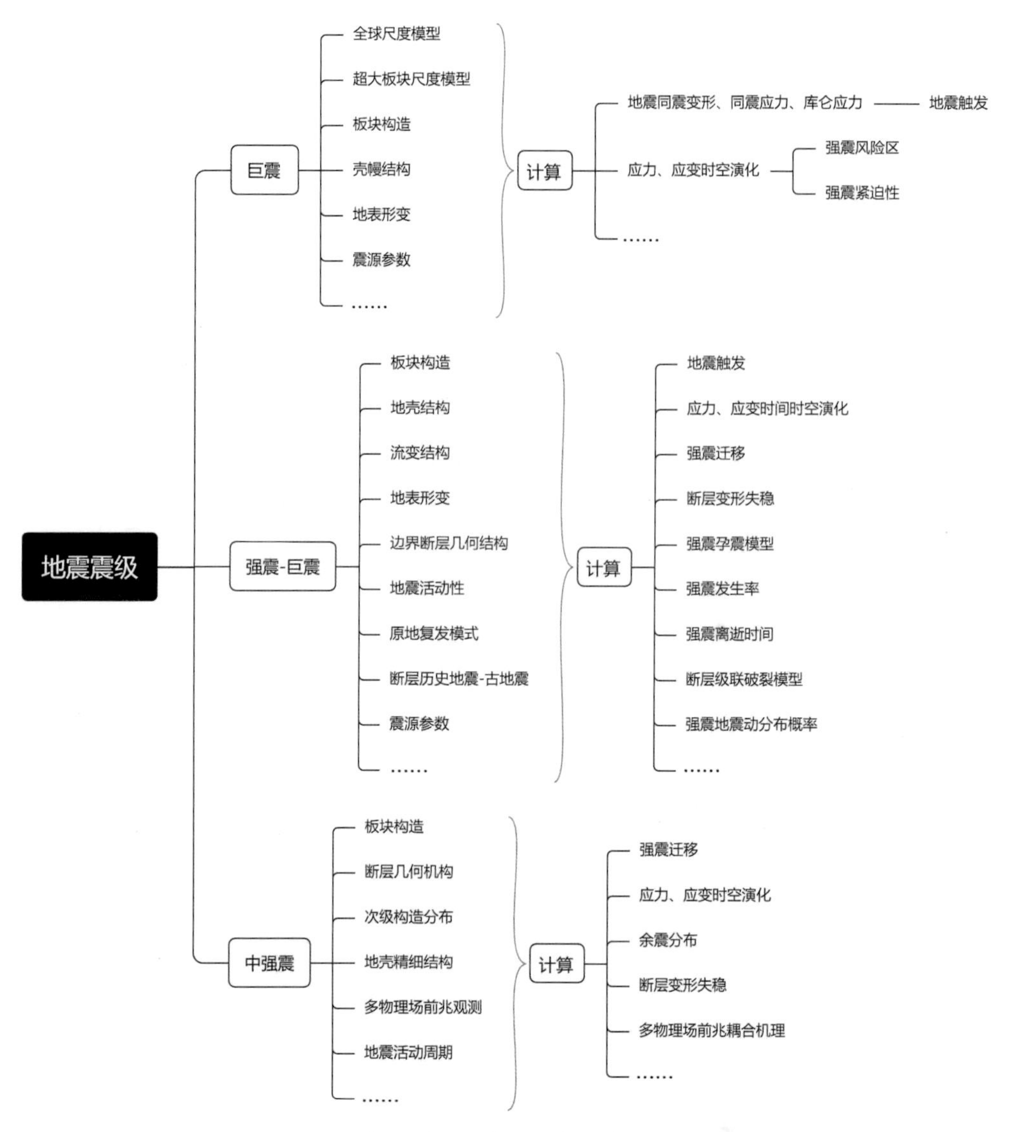


图 6.2　根据地震震级大小进行相应的总体设计

### 6.3.3　分阶段设计——不同地震阶段

一个地震周期可以分为的漫长的孕育阶段、较短的震前阶段、快速的震中阶段和较长的震后阶段（Scholz，1998）。目前的地震数值计算研究现状决定了不同的地震阶段适用不同的计算方法和计算步长，可以产出不同的计算结果。对这些计算结果进行综合判定和研究，能够从不同的角度对地震进行预测，如图 6.3 所示。

其中，对地震孕震期进行数值模拟和计算，确定断层系统中应力集中的区域，厘清区域应力应变场的时空演化，能够有效指明具有高地震风险的区域或断层段。在震前阶段对多物理场的耦合机理进行模拟计算，以期在一定程度上预测临震的应力应变转换的时间拐点，确定地震破裂尺度，在较短的时间内对地震相关参数进行相关预测。在震后阶段，通过计算库仑应力，有助于判定余震分布和未来其他断层段的地震风险。

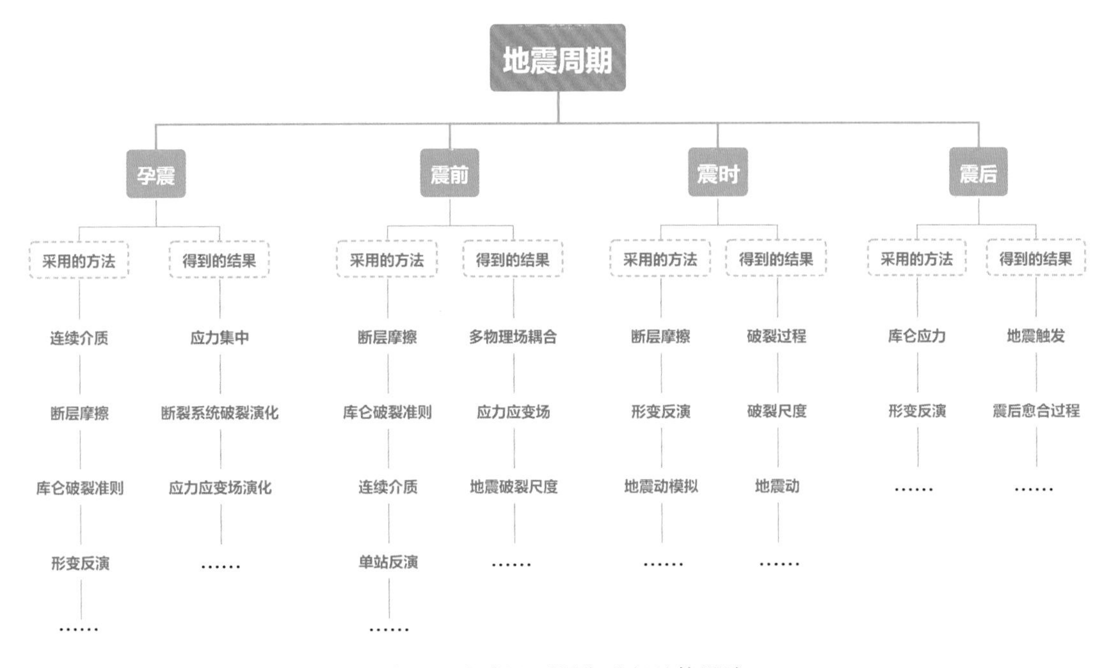


图 6.3　根据地震周期进行总体设计

### 6.3.4　综合设计——不同设计之间的横向与纵向之间的关系

地震数值预测必然在综合大量的资料、深入进行数据分析，结合地质模型、物理模型和数值模型，对多种参数进行计算、分析、综合后得到的一个概率性的结果。因此，本文从数据—模型—计算—综合预测的角度，对上述设计之间的横向和纵向之间的关系进行厘清，如图 6.4 所示。

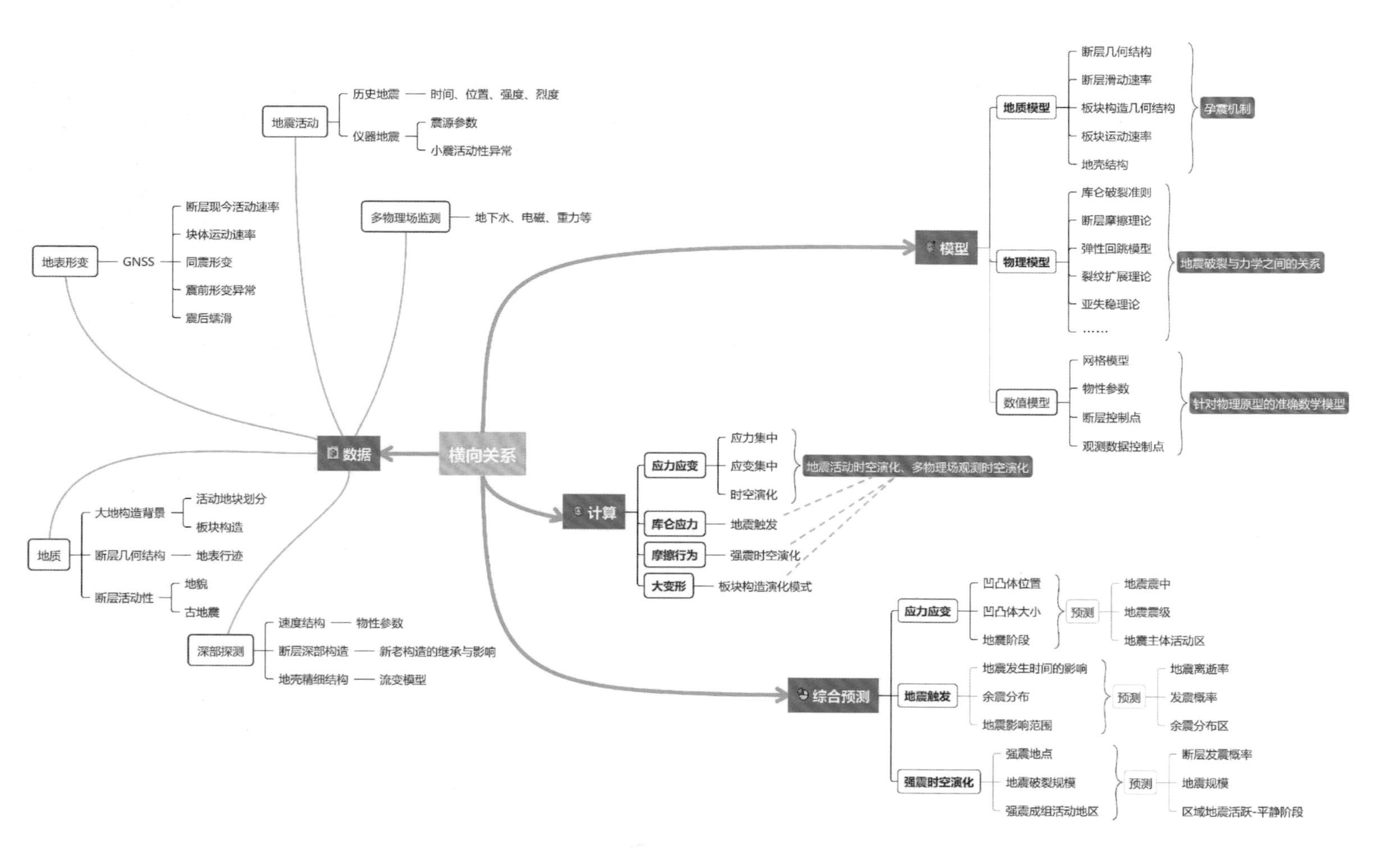


图 6.4　地震数值预测中数据—模型—计算—综合预测之间的关系

# 第 7 章　结论和讨论

## 7.1　地震数值预测总体设计的基本问题

地震数值预测是一个涉及多学科的系统工程，需要不同专业的精准合作和长期持续努力，因此一个系统性的总体设计对这一领域的发展是重要的。目前并没有这样一个总体设计，本书也无法完成提出一个普遍接受的总体设计的任务。但面对新的发展环境和发展要求，开始总体设计的讨论无论如何是有意义的。

地震数值预测总体设计应回答关于这一系统工程的一系列基本问题：地震数值预测的核心科学问题是什么？地震数值预测的应用场景是什么？地震数值预测如何应用、如何评价？地震数值预测与发展中的经验预测、统计预测、物理预测的关系是什么？同时，在其他领域的数值预测，如数值气象预测、数值海洋预测等，对地震数值预测有什么启发，与这些预测相比，地震数值预测的特点体现在哪里？在其他领域的系统工程的总体设计，例如飞机、航空航天器的总体设计，对地震数值预测的总体设计有什么启发？本书在多大程度上回答了这些基本问题，我们并没有十分的把握，期待读者给予批评和帮助。

地震数值预测的总体设计工作目前还面临一个重要而紧迫的任务。中国地震科学实验场作为国家重大科技基础设施已列入中华人民共和国“十四五”国民经济和社会发展规划和2035 年远景目标纲要。在实验场的建设中，现实世界中的物理的实验场的建设和虚拟世界中的数值的实验场的建设同等重要。本书在很大程度上是在实验场国家重大科技基础设施的计划、可行性研究、初步设计工作中研究、讨论的结果，也是在这一过程中理论与实践反复的“相互作用”的结果。应该说，在一个发展之中的领域中形成的理论认识，在很多方面肯定是不完美的，但由于其鲜活和“接地气”，其中的很多东西，包括不完美的东西，弥足珍贵，值得记录。

## 7.2　狭义的地震数值预测与广义的地震数值预测

本书所讨论的地震数值预测，是“狭义的”地震数值预测，即根据地震物理问题的数学模型对地震动力系统的演变过程做出定量化的评估（刘启元和吴建春，2003；Wu，2022）。实际上，在现代地震科技的框架下，“广义的”地震数值预测不仅涉及对未来地震的发生趋势的预测，而且涉及地震所引起的强地面运动的预测（石耀霖等，2018）。不过后者已通过确定性地震危险性评估（DSHA）（包括新型确定性地震危险性评估（NDSHA））的方向，以及“地震情境构建”的方向，得到很好的实现，因此在本书中未涉及这方面的问题。一旦地震开始发生，也可以根据震源区的介质状况和应力状况，按照地震断层不稳定性的本构关系（如非线性摩擦定律），预测地震破裂的动态过程。这部分工作，作为“狭义的”地震数值预测的一个延伸，也没有在本书的讨论范围。

即使在这一“狭义”的讨论范围内，我们也没有涉及在地震数值预测系统的建设和发展中两个重要的议程，一是从“后端”来看，地震数值预测的相关结果如何实现可视化，对于数据量很大的情况，这并不容易；二是从前端来看，传统的以数据产品为出发点的作业方式，是否有可能进一步“延伸”到观测系统本身，在人工智能和大数据技术快速发展的今天，这一领域越来越成为地震数值预测的一个重要的发展方向。这样选择讨论问题的范围，目的是进一步聚焦讨论的主题，但选择的限度也是明显的。

## 7.3　地震数值预测发展的瓶颈问题与总体设计的任务

与地震科技的其他方面类似，在地震数值预测的发展过程中，我们不仅需要面对“地球内部的不可入性、大地震的非频发性、地震孕育和发生过程的复杂性”这些科学上的困难，而且需要面对和解决我们自身的一些“瓶颈”，例如数据的共享问题、软件的可持续性问题、科技成果转化问题等等。地震数值预测这一重要科技发展方向，现在看来，不得不涉及不同学科的合作和长期的努力，这就使得相关的瓶颈问题更为突出。在总体设计中，我们试图提出解决这些问题的建议。在地震数值预测这一“大科学”中，尽管没有在书中详细讨论，我们建议数据产品共享比原始数据共享更有直接的意义；我们建议总体设计的共享比源代码的共享更有直接的意义；我们建议在基础研究向地震预测业务转化的过程中可以借鉴“技术成熟度”的概念；我们建议通过总体设计，让地震数值预测更多地具有软件工程的特点。

为此，我们试图从一个同时涉及基础科学和应用技术的视角，讨论地震数值预测问题。这一思考问题的视角，对于未来的长远发展或是有意义的。本书编写中我们的一个反复采用的“假定情境”是：假定我们就地震数值预测系统，与 IT 方向的科技专家讨论“软件定制”问题——一定意义上这正是在中国地震科学实验场的相关工作中我们需要考虑的问题，我们如何能够把最核心的问题清晰地表达出来。

## 7.4　面向地震预测系统工程

面向新的发展，地震预测的现代化已成为目前地震科技的一个重要的发展议程。在地震预测现代化中需要考虑的问题很多。其中一个重要的问题是，近年来提出并讨论的“地震系统科学”（earthquake system science）的思路（Jordan，2006，2009，2014），如何在地震预测研究和地震预测业务中实现。在中国地震科学实验场工作中，通过系统工程概念的应用，解决了很多关键问题（Li et al.，2021；Wu and Li，2021a、b）。在本书中，作为这一方向的一个“落地”，我们试图通过“狭义的”地震数值预测，对系统工程问题进行进一步的讨论。

中国地震局“十四五”期间在地震预报方面的发展战略是，持续提升地震长期预报的科学性，不断提高地震中期预报的准确性，力争地震短临和震后趋势预报取得重要进展，为拓展地震数值预报奠定基础。这一战略大致上勾画出了地震数值预测的发展方向和作用。地震数值预测，应该对提升地震长期预报的科学性、提高地震中期预报的准确性、力争地震短临和震后趋势预报取得重要进展做出贡献。地震数值预测本身，目前还处于发展之中，用石耀霖院士的话说，亟待“吹响起床号”。本书试图在“吹响起床号”之后，使相关的工作再进一步。

# 附录 1 地震科技发展规划、指南中关于地震数值预测的内容

地震数值预测进入我国地震科技发展规划和相关文件的时间线，与其在学术界引起较广泛的关注大体同步。

根据中国地震局文件《关于中国地震局分析预报中心更名的通知（中震发人〔2004〕56 号）》和《关于印发中国地震台网中心等 4 个单位主要任务的通知（中震发人〔2004〕107 号）》，中国地震局地震预测研究所的任务在“地震预测研究领域”包含“开展地震数值预测理论和方法研究”的内容：

以地震预测试验场为基地，在地震构造和地壳精细结构、高分辨率动态地壳形变、地震活动性、震源参数变化等研究的基础上，建立地震孕育、发生和发展的物理和数学模型，对中期和长期地震危险趋势做出定量化的预测。

2006 年中国地震局印发的《中国地震局“十一五”事业发展规划纲要》，明确“数值预测”为中国地震局“十一五”事业发展的目标任务之一：深化地震监测预报理论和应用研究，探索和推进地震数值预测理论和方法。

2006 年国务院印发的《国家防震减灾规划（2006~2020 年）》在战略行动“国家地震预报实验场建设”中提出：“建设地震孕震实验室和地震数值模拟实验室”。

《国家地震科学技术发展纲要（2007~2020 年）》将地震孕育和发生过程的物理机制与数值预测作为地震预测研究的优先主题，并将地震数值预测的试验研究列入国家地震减灾科学计划，内容为：

中国大陆活动地块及其边界带变形的时空分布及动力过程，断层变形失稳与强震孕育发生，强震迁移及触发机制，应力场演化与地震前兆特征，地震数值预测试验研究。

在构造变形运动场和深部动力学研究基础上，通过在地震实验场区的密集观测和探测、在震源区的直接钻探和观测，构建地震孕育和发生的物理模型，利用实验和数值模拟技术研究强震孕育和发生的动力过程，开展地震数值预测的试验研究，对于认识地震机理、提高地震预测水平具有重要意义。

《国家地震科技创新工程（2017）》在“解剖地震”的计划中提出：

综合地球物理、大地测量、地球化学和地质学观测资料，开展数据同化、提取与地震孕育发生物理过程相关的关键参数，构建基于大数据的地震发生物理过程及其数学表达，研发基于超算技术的相关计算方法和软件库，开展地震数值模拟实验与检验，探索人工智能等地

震预测新方法。

《地震预测预报相关的重要科技挑战》“白皮书”（2017 版）在关于地震预测预报研究探索的重要科学议程中提到：

发展三维黏弹性地壳上地幔有限元模型，模拟地震和形变引起的库仑破裂应力变化、地震序列迁移及触发机制，进行孕震过程中多种物理场地震前兆现象的模拟与解释。发展多种物理场的数值地球动力学模型与地震数值预测模型。

《地震预测预报相关的重要科技挑战》“白皮书”（2018 版）在附录 1 中对地震数值预测的描述为：

通过建立地震孕育发生的构造及介质模型，模拟动力作用，采用一定的数值计算方法，对地震或破裂进行的实验性预测。

《地震预测预报相关的重要科技挑战》“白皮书”（2019 版）在讨论现代科学技术和现代社会中的地震预测预报问题时，在“地震预测预报研究的突破取决于对一些广为接受的基本概念的放弃或更新”一节和讨论地震预测预报研究探索的重要科学议程中提到：

通过数值模拟，研究多尺度、多单元相互作用的地震模型中地震活动和地震前兆的行为，为地震预测预报实践积累经验。

地震“前兆”机理与识别判据、地震孕育和发生过程的物理模型与数值模型。

2019 出版的《中国地震科学实验场科学设计》在第三部分“主要科学问题”中提出 18 个近期聚焦的科学问题，其中包括：

现有数值地震预测模型在多大程度上反映了真实情况？关键构成要素有哪些？

《国家地震科技发展规划（2021~2035 年）》提出重点领域及其优先主题“地震数值预测”的内容包括：

从板块到断层应力加载的动力学过程，区域强震时空演化动力学过程，大陆强震原地复发动力学过程，三维岩石圈应力应变模型；基于震源物理模型的震级预测模型、基于强震动力学过程的时间预测模型和区域强震时空演化的数值模型。

该规划将数值预测工作作为发展目标之一，内容为：

基于活动构造和岩石圈精细结构公共模型、强震孕育物理模型的地震数值预测技术体系基本形成。

国家自然科学基金委员会——中国地震局地震科学联合基金（简称“地震科学联合基金”）2018 年度项目指南中，在地震监测预测新理论和新方法领域中，大数据与地震数值预测探索是九个重点资助方向之一，内容为：

科学目标：针对大数据分析技术在地震预测中应用不足的问题，综合利用地震观测、地球深部探测、活动断层探查等多学科资料，建立地震孕育发生的物理模型和数学模型，研发计算方法和软件库，探索地震数值预测方法和人工智能应用。

主要内容：（1）数值地震预测方法初步研究；（2）地震大数据建模与超算模拟；（3）人工智能地震预测新方法探索。

地震科学联合基金2019年度项目指南在重点支持项目“地震监测预测新技术、新理论、新方法”中，“基于数值模拟和人工智能的地震预测方法研究”作为九个重点资助方向之一，内容为：

科学目标：针对人工智能和数值模拟技术在地震预测中的应用问题，利用多尺度、多类型的地球物理、地球化学观测数据，构建强震区震源的数字化模型和边界条件，基于人工智能和数值模拟技术研究区域强震时空演化特征，提出区域强震中长期预测技术和方法。

主要内容：(1) 强震区震源数值模型及区域应力时空演化特征；(2) 区域人工合成地震目录及强震时空演化特征；(3) 区域强震中长期预测技术和方法。

地震科学联合基金2020年度项目指南在重点支持项目“地震构造与孕震环境领域”中，“基于数值模拟的确定性—概率地震危险性分析方法研究”作为六个重点资助方向之一，内容为：

科学目标：针对大地震发生率的时间相依性和大地震地震动影响场的复杂性问题，在地震区划研究成果的基础上，选择典型的活动地震构造，充分考虑大地震震源破裂过程的复杂性和不确定性，构建三维地壳结构模型和浅表精细结构模型，利用数值模拟方法开展大地震的确定性—概率地震危险性方法研究。

主要内容：(1) 典型发震构造的大地震发生率的确定及其不确定性；(2) 考虑震源破裂过程复杂性和不确定性的大震震源模型；(3) 考虑时间相依的概率地震危险性分析新方法；(4) 确定性—概率地震危险性评价方法及其应用。

地震科学联合基金2021年度项目指南在重点支持项目“地震监测预测新技术、新理论、新方法”中，“基于数值模拟和人工智能的地震预测方法研究”作为五个重点资助方向之一，内容为：

科学目标：针对人工智能和数值模拟技术在地震预测中的应用问题，利用多尺度、多类型的地球物理、地球化学观测数据，结合岩石力学试验，构建强震孕育断层的数字化模型，基于人工智能和数值模拟技术研究强震孕育和发生的时空演化特征，提出具体到断层的强震中长期预测技术和方法。

主要内容：（1）野外观测和室内实验约束的断层摩擦本构参数和深部粘弹参数；(2) 强震孕育过程中断层的应力时空演化特征；(3) 地震成核、动态破裂和震后应力松弛过程；(4) 基于物理模型和统计模型的地震中长期预测技术；(5) 融合多源数据的前兆信息识别方法与技术。

地震科学联合基金2022年度项目指南在“地震监测预测新技术、新理论、新方法”领域中以“基于实验室地震大数据和人工智能的数值预测理论与方法研究”为重点支持项目，内容为：

针对地震数值模拟和人工智能应用的物理基础问题，基于实验室模拟地震具有断层力学条件已知、观测直接且可重复等特点，在不同实验条件下模拟地震的全过程，进行包括微破裂、应变、断层位移、温度等多物理场的高分辨率观测，对实验室地震伴随的大数据进行机器学习，开展物理模型和数据驱动的地震预测方法研究，为开展基于大数据和人工智能的地震预测、构建有效的数值预测方法奠定物理基础。

## 参考文献

“地震预测预报二十年发展设计”工作组，2017. 地震预测预报相关的重要科技挑战 . 地震出版社 .
“地震预测预报二十年发展设计”工作组，2018. 地震预测预报相关的重要科技挑战 . 地震出版社 .
“地震预测预报二十年发展设计”工作组，2019. 地震预测预报相关的重要科技挑战 . 地震出版社 .
中国地震科学实验场科学设计编写组，2019. 中国地震科学实验场科学设计 . 中国标准出版社 .

# 附录2 其他领域数值预测的启示：数值天气预报

在地震数值预测的发展过程中，数值气象预测一直是一个重要参照。石耀霖等（2013）在讨论开展地震数值预测的五个主要环节以及设计我国地震数值预测路线图时写道：

128年前，即1884年，Science杂志上的一篇题为《天气预报》的文章，指出了当时的天气经验预报“几乎都是基于观测事实而不是基于已确立的科学推理。这是不可避免的，因为大气运动是十分复杂的，而大气科学还没有进展到足以解释成功预报它们所需要的细节”。90年前，即1922年，英国的Lewis Fry Richardson提出了数值天气预报的思想，试图用数值方法解天气预报的方程组，尽管当时由于计算能力不够而失败了，但是他当年发表的“Weather Prediction by Numerical Process”一文使他成为天气数值预报的先驱。媒体期待着许多计算人员能在一个天气工厂内，像在一个交响乐队指挥下同步进行计算，从而实现世界的天气预报。在科学家的不倦探索下，1950年，Charney等终于利用ENIAC电子计算机实现了第一次天气数值预报。在20世纪70到80年代，天气数值预报逐渐发展为能够实用的技术，现在已经成为先进国家天气预报的主要手段。

数值天气预报是在给定的初始条件和边界条件下，通过对大气流体力学、热力学的一系列偏微分方程组进行数值计算求解，从而得到未来时刻大气的变化和气象要素的分布。它以物理理论为基础，以计算机数学和高速电子计算为实现手段，用地面台站、气球、飞机和卫星来获得特定预报所需要的三维边界条件和初始条件。气象预报的思想在20世纪20年代就已经被提出，但当时由于缺乏计算能力而失败了，只有到50年代开始利用电子计算机后气象预报的研究才取得进展，现在数十个先进国家数值预报已经成为日常天气预报的手段。数值天气预报应该成为数值地震预报的借鉴。

和天气预报一样，地震预报如果想取得较大的突破，改变数十年来徘徊的状况，需要在科学思路上有较大的转变，从基于前兆的经验预报、统计预报，发展到基于对地震发生物理基础理解基础上的数值预报。

刘启元和吴建春（2003）在论地震数值预报一文中提出：

天气变化和地震形成都是自然界中的非线性复杂过程。大气系统的变化非常迅速，而地壳的变化毕竟微小而又缓慢。就非线性复杂过程的预测本身来说，地震与天气一样，应是有可能做出某种时间尺度的预测。对地震预测研究来说，天气预报的经验值得借鉴。事实上，天气预报的发展也经历了从经验预测到物理预报的过程。但是，没有现代大气物理和动力气象学理论的发展，没有气象卫星等现代探测技术以及天气数值预报的成功，今天的天气预报可能仍然停留在动物异常和依靠民间谚语的阶段。在现阶段，没有必要把地震形成过程中的非线性混沌现象作为地震预测研究的障碍，而应把研究和发展地震动力学预报作为今后地震预测发展开拓的主要方向。

根据天气数值预报的经验，对某种系统演化过程进行数值预测的必要条件首先是必须对研究的系统有较为充分的理论认识，即能够建立起充分反映问题本质的物理模型和数学模型。其次，必须能够对该系统进行符合客观实际的参数化。第三，必须具备相应的数据处理能力。

充分真实地模拟地震孕育和形成过程无疑是一项复杂和艰巨的任务。强大的数值计算能力是不可或缺的支撑条件。但是，现代数值技术和巨型计算机技术的迅速发展已经为此提供了前所未有的技术基础，并仍有巨大的发展潜力。1996 年以来，我国国家气象中心以国产神威巨型计算机为运行平台，已经成功地建立起我国全球中期集合数值天气预报的业务系统。因此，对于地震数值预报来说，计算和数据处理能力应该并不存在不可逾越的技术障碍。

地震数值预报是以高技术为支撑的复杂系统。除了面临的科学问题之外，必然涉及包括数据通信、多种类观测数据同化、数据处理软件集成等一系列技术问题。在这些方面需要我们积极借助数值天气预报的经验。即使地震预测本身的许多科学问题也将涉及或需要吸收地震科学以外其他学科的知识和研究成果。因此，多学科、多部门的协调和合作是非常必要的。

刘启元（2005）在讨论以动力数值预测作为地震预报研究的主攻方向一文中提到：

所谓数值预报实质上就是根据物理问题的数学模型对系统的演变过程做出定量化的预测。与天气系统一样，地震的孕育和形成并不是一种孤立现象，而是多种因子相互作用的结果，并表现为一种复杂过程。因此，任何孤立因子的研究都不可能对地震的孕育和形成过程做出有效的预测。数值预报的优势恰恰在于对地震现象的完整过程进行系统的，而不是孤立的研究。现在的问题在于目前提出地震数值预报的问题是否恰当？笔者认为，至少对于中期或中短期的地震预测来说，答案应该是肯定的。

黄辅琼等（2017）通过数值天气预报的发展历程，讨论了关于推进地震数值预测的思考，他们写道：

数值天气预报就是在给定初始条件和边界条件的情况下，数值求解大气运动基本方程组，由已知的初始时刻的大气状态预报未来时刻的大气状态。涉及的基本参数包括：风、气压、温度、湿度。假定大气运动满足以下基本定律：牛顿第二定律、质量守恒定律、热力学能量守恒定律、气体实验定律和水汽守恒定律等条件，支配大气运动的基本方程包括运动方程、连续方程、热力学方程、状态方程和水汽方程，它们是制作数值天气预报的基础。数值天气预报之所以能够以数值模式运行，关键环节是确立气象预报所需的参数：温度、湿度、压力和风速（或风、气压、温度和水汽）；动力框架方面引进了静力近似；物理过程方面考虑了云、辐射、降水、湍流、摩擦、地形、冰、雪、海洋、土壤热传导、地面和大气之间的能量交换；而各种观测资料经过归一化，由初值条件和边值条件经差分数值计算，实现了时间上的外推来达到预测未来状态的目的，物理思路和技术路线都很明确。这个过程可作为数值地震预测发展的参考。

对于数值地震预测来说，哪些参数是必不可少的？目前虽然还没有定论，但是借由已有的数值模拟研究表明，区域应力/应变、断层几何特征及其变形（如滑移速率/位移）、孔隙压力、介质物性（如密度与强度）等是模拟中需要涉及的主要参数。

参照数值天气预报的四维资料同化形成模式大气的连续状态资料的分析方法，根据当前已经开展的地震观测资料基础，似乎也可以开展相应的资料同化分析，形成“模式”地震的连续状态资料。帕克菲尔德地震试验场针对圣安德烈斯断层的帕克菲尔德断层段的地震模拟研究，就基本上接近于上述过程的局域问题。

石耀霖等（2018）在讨论我国地震数值预报路线图的设想时提到：

天气预报的科学思路在一个世纪前就已经被提出，但是限于计算能力，直到20世纪后期才逐渐得以实际运用。但说到地震预报也要搞数值预报，有人可能觉得不大可能？的确，笔者在1966年邢台地震后也曾经认为，地震孕育发生的机制我们还搞不清楚，但是地震是有前兆的，尽管尚不了解地震孕育发生的物理机制，我们只要有数量足够多的地震和前兆台站及手段，积累了足够多的经验，就像中医把脉也能看病一样，“号准了大地的脉搏”，就能够预报灾害性大地震。

1909年Gilbert在《Science》上发表的题为“地震预报”的文章从能量的积累和释放，地质构造、触发因素等方面讨论了预报地震位置和时间的有关问题。Gilbert激情地宣称：“曾经有这样的时代，天气被视为神所操纵……现在天气被视为自然现象，祭司为气象局所替代……地震也同样曾是笼罩在神秘之中，只有占星家和甲骨文对它有神秘的预测；而现在神秘的阴影让位于知识之光，文明世界的人们期待着地震学家能兴奋地宣布，科学预测地震的时代已经到来”。然而，地震预报的进程远远落后于天气预报。

气象预报从提出到比较成功地在实际预报中应用，走过了半个世纪。地震数值预报要实现实用化，恐怕会经历更加漫长艰辛的过程，经验预报和基于经验而发展的统计预报，在很长时间内仍然是地震预测中的主要方法。

气象方面，关于数值预报，中国气象局在2016年底已经有了清晰的路线图。地震数值预报虽然和天气数值预报远不在一个水平，但希望本文可以起到一个抛砖引玉的作用，从现在到2020年，可以理清学术界科学思路，制定一个我国地震数值预测发展的路线图。

**参考文献**


黄辅琼、张晓东、曹则贤、李建平、李世海，2017. 关于推进数值地震预测的思考．国际地震动态，2017年第4期，4~10.

刘启元，2005. 地震预报研究的主攻方向：动力数值预测．国际地震动态，2005年第5期，63~68.

刘启元、吴建春，2003. 论地震数值预测——关于我国地震预测研究发展战略的思考．地学前缘（中国地质大学，北京），10（特刊）：217~224.

石耀霖、孙云强、罗纲、董培育、张怀，2018. 关于我国地震数值预测路线图的设想——汶川地震十周年反思．科学通报，63（19）：1865~1881.

石耀霖、张贝、张斯奇、张怀，2013. 地震数值预测．物理，42（4）：237~255.

# 附录3　常用符号

| 符号 | 含　义 | 符号 | 含　义 |
|---|---|---|---|
| $\{\boldsymbol{\varepsilon}\}$ | 应变张量 | $\{\boldsymbol{\sigma}\}$ | 应力张量 |
| $\{\dot{\boldsymbol{\varepsilon}}\}$ | 应变张量对时间的导数 | $\{\dot{\boldsymbol{\sigma}}\}$ | 应力张量对时间的导数 |
| $\{\ddot{\boldsymbol{\varepsilon}}\}$ | 应变张量对时间的二次导数 | $\{\ddot{\boldsymbol{\sigma}}\}$ | 应力张量对时间的二次导数 |
| $\{d\boldsymbol{\varepsilon}\}$ | 应变微分张量 | $\{d\boldsymbol{\sigma}\}$ | 应力微分张量 |
| $E$ | 杨氏模量 | $G_1$ | 剪切模量 1 |
| $K$ | 体积模量 | $G_2$ | 剪切模量 2 |
| $\nu$ | 泊松比 | $\eta_1$ | 黏度 1 |
| $\eta$ | 黏度 | $\eta_2$ | 黏度 2 |
| $I_1$ | 应力张量的第一不变量 | $J_2'$ | 偏应力张量的第二不变量 |
| $\alpha$ | 内聚力 | $k$ | 有效摩擦系数 |
| $\psi$ | 塑性势函数 | $\dot{\tau}$ | 剪应力 |
| $\Delta CFS$ | 库仑破裂应力 | $v^*$ | 参考滑动速率 |
| $\Delta p$ | 孔隙水压力变化 | $L$ | 特征滑动量 |
| $\mu$ | 断层摩擦系数 | $\mu^*$ | 参考摩擦系数 |
| $\mu'$ | 断层视摩擦系数 | $\rho$ | 密度 |
| $\mu_s$ | 最大静摩擦系数 | $g$ | 重力加速度 |
| $\mu_f$ | 滑动摩擦系数 | $h$ | 岩层或模型材料的厚度 |
| $u$ | 接触断层两盘之间的相对滑动量(即断层面上的位错量) | $\mu$ | 内摩擦系数 |
| $\sigma_n$ | 断层面上的有效正应力 | $\phi$ | 内摩擦角 |
| $d_0$ | 特征滑动量 | $C$ | 黏聚强度 |
| $R$ | 地震发生率 | $P_{max}$ | 区域最大主应力 |
| $\dot{\tau}$ | 剪切应力变化率 | $P_{min}$ | 区域最小主应力 |

续表

| 符号 | 含　义 | 符号 | 含　义 |
|---|---|---|---|
| $\varphi$ | 状态变量 | $r$ | 背景地震活动率 |
| $o$ | 将正常应力的变化与摩擦力联系起来的本构参数 | $\mathring{\tau}_t$ | 背景应力变化率 |
| $t$ | 距断层受力状态突然变化(即临近地区地震)的时间 | $A$ | 关瞬时滑移率变化与摩擦力的本构参数 |
| $p$ | 预测模型的自由度 | $t_{\mathrm{a}}$ | 地震活动恢复到“正常背景”所需的时间 |
| $V_{\mathrm{CSD}}$ | 块体边界断裂在块体之间发生相对差异运动时由于断层闭锁而产生的同震亏损滑动速率 | $\theta$ | 模型的最大似然函数 |
| $\boldsymbol{\Omega}$ | 块体旋转的欧拉矢量 | $V_{\mathrm{B}}$ | 块体整体的运动速度 |
| $\delta\dot{\mathbf{u}}_i$ | 虚拟速度场 | $V_{\dot{\boldsymbol{\varepsilon}}}$ | 块体之间的内部均匀弹性变形对速度场的贡献 |
| $\mathbf{L}$ | 速度梯度张量 | $\dot{\boldsymbol{\varepsilon}}$ | 块体内部的弹性应变率张量 |
| $\mathbf{W}$ | 张量 $\mathbf{L}$ 的反对称部分 | $\mathring{\tau}_{ij}$ | 柯西应力 Jaumann 率 |
| $\dot{u}_i$ | 接触对(点与点接触)之间的相对滑动速度 | $\mathbf{D}$ | 张量 $\mathbf{L}$ 的对称部分 |
| $\mathbf{n}$ | 从接触体表面的外法线方向 | $\dot{f}$ | 接触表面上接触力的速率 |
| $u_{\mathrm{eq}}$ | 等效切向速度 | $E_{\mathrm{n}}$ | 罚因子 |
| $\dot{u}_{\mathrm{eq}}^{\mathrm{sl}}$ | 等效滑动速度 | $g_{\mathrm{n}}$ | 法向穿透距离 |
| $\bar{F}$ | 临界摩擦应力 | $\mathbf{K}$ | 整个物体的标准刚度矩阵 |
| $\Delta F$ | 力边界的外荷载增量 | $\Delta F_{\mathrm{f}}$ | 接触力增量 |
| $\mathbf{K}_{\mathrm{f}}$ | 所有接触单元的接触刚度矩阵 | $\Delta u$ | 节点位移增量 |
| $h$ | 核密度计算中的带宽 | $K_0(t)$ | 核函数 |
| $T$ | 时间 | $M_0^{\mathrm{R}}$ | 地震矩释放总量 |
| $\dot{s}$ | 断层滑动速率 | $\dot{\varepsilon}$ | 区域地表均匀应变率 |
| $A$ | 断层面面积 | | |

# 后 记

本书的内容是以一系列研究、讨论和实践为基础的。2019 年起，中国地震台网中心开始推进地震数值预测在年度地震趋势会商中的应用试验（负责人姚琪）。2020 年起，在中国地震科学实验场国家重大科技基础设施的项目建议、可行性研究工作中，地震数值预测系统是一个重要议程（负责人张怀、邵志刚）。2021 年，由中国地震局地震预测研究所—中国科学院计算地球动力学重点实验室—南方科技大学地球与空间科学系地震数值预测联合实验室开放基金支持，开展了“地震数值预测的概念评估与路线图研究”（负责人姚琪）。2021 年起，在地震科学联合基金“基于数值模拟的确定性—概率地震危险性分析方法研究”（负责人吴忠良）框架中，围绕地震数值预测问题开展了多方面的讨论和实验。2022 年，在中国地震局“新发展阶段防震减灾战略研究”中，地震数值预测是“地震监测预报预警发展战略研究”（负责人王海涛、预测部分负责人张晓东）的重要内容。

本书第 1 章由张盛峰、姚琪编写；第 2 章由姚琪、张盛峰编写；第 3 章由姚琪、曹建玲、王子韬、张盛峰编写；第 4 章由张盛峰、董培育、王辉、王子韬编写；第 5 章由姚琪编写；第 6 章由姚琪、张盛峰编写；第 7 章集体讨论形成；附录 1、附录 2 由张盛峰编写，附录 3 由王子韬、姚琪编写；背景材料由张盛峰、王子韬编写；全书由姚琪、张盛峰、王子韬统稿，参考文献由王力维、刘岩整理核实。由于编写者水平有限，书中肯定有不妥之处，请读者批评指正。

在上述工作的开展过程中，特别是在本书的编写过程中，得到中国科学院大学张怀教授，中国地震台网中心王海涛研究员、蒋海昆研究员、刘杰研究员，以及马未宇、杨文、姜祥华、史海霞、于晨、任静等同志，中国地震局地震预测研究所吴忠良研究员、张晓东研究员、邵志刚研究员、张永仙研究员、刘月副研究员、李凯月博士，应急管理部国家自然灾害防治研究院徐锡伟研究员、许冲研究员、程佳副研究员，中国海洋大学邢会林教授，中国地震局地球物理研究所蒋长胜研究员，中国地震局地质研究所何昌荣研究员、陈建业研究员，天津大学刘静教授，日本情报与系统研究机构统计数理研究所庄建仓教授，中国气象局地球系统数值预报中心刘琨高级工程师，南京水利科学研究院林锦正高级工程师，浙江省台州市气象局甘晶晶高级工程师等专家的支持、指导和帮助。张怀教授、张晓东研究员、徐锡伟研究员应邀为本书作序，吴忠良研究员应邀为本书作跋。

地震数值预测总体设计的思路和工作，主要是吴忠良研究员（2020~2021 年任中国地震科学实验场国家重大科技基础设施项目建议书完善工作专家组组长；2020~2022 年任中国地震科学实验场首席科学家）等针对中国地震科学实验场工作特别是实验场国家重大科技基础设施工作提出和推动的；在本书的编写过程中，得到吴忠良研究员、张永仙研究员的具体指导，吴忠良研究员帮助确定了本书的纲要；张永仙研究员帮助进行了文字把关。这里一并表示衷心感谢。

本书由地震科学联合基金（项目号 U2039207）、科技部重点研发专项（2021YFC3000605）资助出版。

# 跋

### 1 复杂性物理视野中预测的可行性问题

地震数值预测初看起来似乎是一种拉普拉斯决定论的产物。近年来非线性物理系统中各种复杂性的发现，仿佛从根本上动摇了地震数值预测的可行性。然而从物理上看，正是地球岩石圈系统的非线性动力学性质，使地震数值预测具有了可操作的性质。与数值气候预测模型相比，目前地震数值预测还处于“初级阶段”。但参照非线性物理的研究成果及其在数值气候预测等方面的应用，地震数值预测的可行性，道理是相通的。

地震的孕育和发生离不开岩石圈及其层次性结构。在岩石圈动力系统这一具有不同层次的开放系统中，导致地震孕育和发生的各层次的相互作用，表现为诸多相互依赖的物理机制，每种机制都会导致失稳。即使“拉普拉斯妖”可以给我们提供岩石圈的所有细节（其结构、其本构关系，等等），在这一系统中也存在种种可以导致不可预测性的现象，如确定性混沌（deterministic chaos）、自组织临界性（self-organized criticality），等等。在这一系统中进行地震的定量预测，仿佛因此成为一个物理上不可能的目标。

然而非线性物理所揭示的一个重要现象是，随着所考虑的物理问题的尺度的不同，在具有复杂性的物理体系中，往往会“涌现”出一些可以导致可预测性的规律性。传统的“还原论”（reductionism）性质的分析，此时为“总体性”（holism）的分析所取代。重要的是，其中的一些通过“涌现”（emergence）而显示出的可用来描述系统的状态、预测系统的发展趋势的规律性，具有一些与模型细节无关的“普适性”（universality）的性质。这就使得在对岩石圈结构的细节并不是十分了解、在大地震的“样本数”比较稀少、在地震的孕育和发生过程具有多种复杂性的情况下，地震数值预测不仅可以有所作为，而且可以为克服这些固有的困难作出独特的贡献。

世纪之交关于地震预测的可能性的争论，在科学思想的发展中具有重要意义。因为这毕竟是人类从理论上思考地震的“物理可预测性”的一个重要尝试，其所导致的“研究范式转变”，表现为改变了原来的“游戏规则”。“规则”变化之一是，理论上，以前人们一直力图写出地震的动力学方程。在相当多的情况下，这种要求并不现实。地震预测的非线性物理研究使人们开始注意另一种可能性：既然非线性复杂系统的一些行为，可以与系统的一些细节无关，那么，是否可以用较为简单的模型阐明地震的一些规律，并将其应用于地震的预测。“规则”变化之二是，经验上，以前人们一直试图找到地震发生的规律（例如周期性）。在相当多的情况下，这种尝试并不成功。现在人们开始注意到，是否有这样的可能：从理论上先看看可能会存在，或者不存在哪些“规律性”。地震数值预测为这两个方向的研究范式转变提供了一个不可多得的工具。

不过历史地看，这次世纪争论的局限性也是明显的。实际上，本应该是：

*因为岩石圈动力学是非线性的，所以一些地震的预测，或者地震的一些性质的预测是可*

能的。

因为岩石圈动力学是非线性的，所以一些地震的预测，或者地震的一些性质的预测是不可能的。

这两个结论都是对的，并没有矛盾。但问题是，争论双方都把结论表述为：

因为岩石圈动力学是非线性的，所以地震预测是可能的。

因为岩石圈动力学是非线性的，所以地震预测是不可能的。

## 2 不确定性及其应对策略

地震数值预测中涉及若干带有很大不确定性的参数。应对这种不确定性的深层次的思路，就是由岩石圈动力学的复杂性所导致的“总体性”分析。“粗粒化”处理固然不可避免地导致空间—时间分辨率的下降，但“粗粒化”的处理常常可以把握一些决定系统演化趋势，特别是系统中的突变的特征。对于一个由很多基本单元组成的系统，在可以给出各基本单元的物理参数的不确定性范围的情况下，类似于“各态历经”的所有可能情况的总合，或者说类似于“蒙特卡罗”的处理，不一定确切地、却比较方便地给出了“概率分布”的概念。

应对初始条件不清楚的困难，一个普遍采用的思路是把地震的动力学过程处理成一个“马尔科夫链”，即系统现在的情况由系统的“最近的过去”的情况所决定——在离散时间的情况下，由系统的“前一步”的情况所决定。对于地震问题而言，由于与连续弹性介质中的“圣维南原理”有关的机制，也许“马尔科夫链”的概念可以扩展为“时空马尔科夫链”，即一个地点的情况决定于离该点较近的周边在其“最近的过去”的情况——在离散的情况下，一个结点的现在的情况由其“最近邻”结点的“前一步”的情况所决定。

应该说，无论是类似于“马尔科夫链”的处理，还是类似于“蒙特卡罗”的处理，一定程度上都是“没有办法的办法”。需要提出的问题，也许不在这些办法是有限度的，而是为什么这些办法在一些情况下是有效的，而由此所导致的可预测性，其边界究竟在什么地方，是需要通过具体的实验进行研究的问题。

地震数值预测问题，就其物理实质而言涉及与其他类似的物理问题相同的基本问题：“微观”与“宏观”的关系，“不确定性”与“可预测性”的关系，“量变”与“质变”的关系，或者“渐变”与“突变”的关系。

## 3 地震预测研究的核心困难与地震数值预测的重要性

目前，地震预测基本上沿着三个方向发展。一是统计预测，主要包括基于地震本身的统计规律（如“地震空区”、地震“周期性”等）的预测，和基于地震的“标度关系”（典型地表现为“用小地震预测大地震”）的预测；二是经验预测，主要包括基于地震前兆异常的预测，和基于不同前兆异常的“综合性的”预测，其中专家经验从物理上说相当于在地震分析中引入了“附加自由度”；三是物理预测，主要包括基于冲击-响应过程（如利用日月引潮力对地球的一些部位形成“加载、卸载”，再通过“加载-卸载响应比”来推测其不稳定性）的预测（一次地震发生之后，通过其所造成的应力扰动影响另一个潜在地震区的不稳定性，也属于这种预测），二是基于模拟的预测（大致上相当于本书所讨论的“狭义的”地震数值预测）。从目前地震预测领域发展的实际情况看，“用物理预测取代统计预测和经验预测”作为一个长远发展目标或是合理的，但作为一个近期目标还不现实。现阶段的现实主义的发展战略，应是三种预测“取长补短”，“协同作战”。

地震预测的研究，面临三方面的核心困难，即“地球内部的不可入性、大地震的非频发性、地震孕育发生过程的复杂性”。地震数值预测对于克服这些困难具有独特的作用。

大地震的非频发性作为制约统计预测发展的最重要的困难之一，在地震数值预测的框架中有望得到较好的解决。地震数值预测带来了一种前所未有的可能：我们可以利用有限的机时，“重现”人类历史乃至地质历史上时间尺度达千年甚至更长的地震活动，再将对这些“合成的”地震的预测的经验，运用到现实世界的地震预测中去。

地震孕育和发生过程的复杂性目前有两个方面。一是物理上的“本征的”（intrinsic）复杂性和不可预测性，例如类似于“级联”（cascading）过程的地震破裂的不可预测性等；另一类是“表观的”或“现象学的”（phenomenological）复杂性，例如目前的一个经验是，不同的地震前、不同的观测点上，往往会出现很不相同的前兆现象，单纯看“曲线”、找“对应”，往往会非常迷惑，但在一个地震的孕育过程中应力场的演化的整体图像中，所有这些不一致的前兆表现，往往是同一个应力场演化过程的反映。地震数值预测对经验预测的直接的帮助就在于，可以通过应力场演化的图像，来细化、深化对所观测到的前兆现象的认识，特别是，在一个统一的物理背景下，定量化地解释不同学科、不同手段的观测。应该说，目前在地震发生之后的回溯性研究中，已有很多很好的工作。但针对未来地震的前瞻性的观测部署，即把“为预测的监测和模拟”（monitoring and modeling for prediction）的思路落实到实际震情监测的工作，还有较大的发展空间。

地球内部的不可入性（据说这是古希腊人的说法）是物理预测，特别是基于模拟的预测的一个重要困难。然而在复杂性物理的视野中，通过较为简单的模型（从原胞自动机模型、弹簧-滑块模型、刚性块体模型，到弹性模型、弹塑性模型、弹塑性流变模型等），探索那些在实际地震预测的层次上“涌现”出来的可预测性，成为克服这一困难的有效工具。从这个意义上说，复杂性物理背景下的地震数值预测，提供了一个不一定正确、但从未如此清晰的“路线图”。而此前的地震预测研究的“路线图”，或者开放性有余而清晰性不足（例如，经验性地搜寻“地震前兆”），或者几乎不可操作（例如，先彻底搞清楚地震的物理再考虑地震的预测）。

以对地球的有限的观测，究竟能在地震预测中走多远，这是任何一个负责任的地震理论都无法回避的问题。这个问题之基本、之深刻，已在很大程度上超越了地震研究本身。重要的是，现在对这个问题的回答，已不仅仅是抽象的哲学思辨（虽然物理学也曾被称为“自然哲学”），而是可以落实到具体的理论建模、模拟计算、观测检验的“实证性的”科学研究议程。地震数值预测一方面要充分利用计算能力的历史性进步，不断尝试新的东西，另一方面也应该“站在巨人的肩上”，在理论上做更为深入的思考。

吴忠良　张永仙　邵志刚
中国地震局地震预测研究所

## 参考文献

蔡永恩，何涛，王仁，1999. 1976年唐山地震震源动力过程的数值模拟．地震学报，21（5）：467~477.
曹建玲，石耀霖，张怀，王辉，2009. 青藏高原GPS位移绕喜马拉雅东构造结顺时针旋转成因的数值模拟．科学通报，54（2）：224~234.
陈桂华，徐锡伟，闻学泽，王亚丽，2008. 川滇块体北—东边界活动构造带运动学转换与变形分解作用．地震地质，30（1）：58~85.
陈连旺，陆远忠，郭若眉，许桂林，张杰，2001. 华北地区断层活动与三维构造应力场的演化．地震学报，23（4）：349~361.
陈连旺，陆远忠，张杰，许桂林，郭若眉，1999. 华北地区三维构造应力场．地震学报，21（2）：140~149.
陈凌，陈颙，刘杰，陈棋福，1998. 地震活动性的统计分析：由过去推测将来的可能性研究．地球物理学报，41（01）：61~70.
陈迎春，宋文滨，刘洪，2010. 民用飞机总体设计．上海：上海交通大学出版社.
陈长云，何宏林，2008. 大凉山地区新生代地壳缩短及其构造意义．地震地质，30（2）：443~453.
陈竹新，雷永良，贾东，陈汉林，2019. 构造变形物理模拟与构造建模技术及应用．北京：科学出版社.
陈祖安，林邦慧，白武明，2008. 1997年玛尼地震对青藏川滇地区构造块体系统稳定性影响的三维DDA+FEM方法数值模拟．地球物理学报，51（5）：1422~1430.
陈祖安，林邦慧，白武明，程旭，王运生，2009. 2008年汶川8.0级地震孕震机理研究．地球物理学报，52（2）：408~417.
陈祖安，林邦慧，白武明，程旭，王运生，2011. 2001年8.1级昆仑山大震破裂过程及对2008年汶川8.0级大震孕育发生影响的研究．地球物理学报，54（1）：108~120.
程佳，刘杰，甘卫军，余怀忠，2011. 1997年以来巴颜喀拉块体周缘强震之间的黏弹性触发研究．地球物理学报，54（8）：1997~2010.
程佳，徐锡伟，2018. 巴颜喀拉块体周缘强震间应力作用与丛集活动特征初步分析. 地震地质，40（1）：133~154.
程佳，姚生海，刘杰，姚琪，宫会玲，龙海云，2018. 2017年九寨沟地震所受历史地震黏弹性库仑应力作用及其后续对周边断层地震危险性的影响．地球物理学报，61（5）：2133~2151.
单斌，熊熊，郑勇，金笔凯，刘成利，谢祖军，许厚泽，2013. 2013年芦山地震导致的周边断层应力变化及其与2008年汶川地震的关系．中国科学（D辑），43（06）：1002~1009.
地震预报发展规划工作组，2010. 地震预报实验场：科学问题与科学目标．中国地震，26（1）：1~13.
邓起东，程绍平，马冀，杜鹏，2014. 青藏高原地震活动特征及当前地震活动形势．地球物理学报，57（7）：2025~2042.
邓起东，高翔，杨虎，2009. 断块构造、活动断块构造与地震活动．地质科学，44（4）：1083~1093.
邓起东，徐锡伟，于贵华，1994. 中国大陆活动断裂的分区特征及其成因//中国活动断层研究．北京：地震出版社：1~14.
邓起东，张培震，冉勇康，杨晓平，闵伟，陈立春，2003. 中国活动构造与地震活动．地学前缘，10（S1）：66~73.
邓起东，张培震，冉勇康，杨晓平，闵伟，楚全芝，2002. 中国大陆活动构造基本特征．中国科学（D辑），32（12）：1020~1030.
邓园浩，程惠红，张贝，张怀，石耀霖，2018. 历史大地震断层滑动模型的建立及其对同震数值计算的影响——以 1920 年宁夏海原 $M_S$8.5 大地震为例. 地球物理学报, 61 (3): 975~987.
邓园浩, 程惠红, 张怀, 瞿武林, 张贝, 石耀霖, 2017. 2016 年 3 月 2 日苏门答腊 $M_S$7.8 地震同震位移和应力场数值模拟研究. 地球物理学报, 60 (1): 174~186.
邓志辉, 胡勐乾, 周斌, 陆远忠, 陶京玲, 马晓静, 姜辉, 李红, 2011a. 数值模拟方法在地震预测研究中应用的初步探讨 (Ⅱ). 地震地质, 33 (3): 670~683.
邓志辉, 宋键, 孙君秀, 陶京玲, 胡勐乾, 马晓静, 姜辉, 李红, 2011b. 数值模拟方法在地震预测研究中应用的初步探讨 (Ⅰ). 地震地质, 33 (3): 660~669.
丁国瑜, 1991. 活动亚板块、构造块体相对运动. 中国岩石圈动力学概论. 北京: 地震出版社.
董培育, 2015. 青藏高原应力场演化及地震序列数值模拟. 中国科学院大学.
董培育, 程惠红, 石耀霖, 柳畅, 乔学军, 2019. 基于 Monte Carlo 方法数值反演区域初始构造应力场——以巴颜喀拉块体为例. 地球物理学报, 62 (8): 2858~2870.
董培育, 胡才博, 石耀霖, 2016. 青藏高原及周边区域地表长期变形数值模拟. 地震地质, 38 (2): 410~422.
董培育, 石耀霖, 2013. 关于 "用单元降刚法探索中国大陆强震远距离跳迁及主体活动区域转移" 的讨论——横向各向同性 "杀伤单元" 才是更好的途径. 地球物理学报, 56 (006): 2133~2139.
董培育, 石耀霖, 程惠红, 乔学军, 2020. 青藏高原及邻区未来地震活动性趋势数值分析. 地球物理学报, 63 (3): 1155~1169.
董森, 张海明, 2019. 角度对于 Y 型分叉断层自发破裂传播过程的影响. 地球物理学报, 62 (11): 4156~4169.
范桃园, 孙玉军, 吴中海, 2014. 青藏高原东缘旋转变形机制的数值模拟. 地质通报, 33 (4): 497~502.
冯雅杉, 熊熊, 单斌, 刘成利, 2022. 2021 年玛多 $M_S$7.4 地震导致的周边地区库仑应力加载及地震活动性变化. 中国科学 (D 辑), 52 (6): 1100~1112.
高孟潭, 1988. 关于地震年平均发生率问题的探讨. 国际地震动态, (01): 1~5.
郭婷婷, 徐锡伟, 邢会林, 于贵华, 2015. 共轭断层系统的非线性有限元模拟与震群模型讨论. 地震地质, 37 (02): 598~612.
韩竹军, 虢顺民, 向宏发, 张家声, 冉勇康, 2004. 1996 年 2 月 3 日云南丽江 7.0 级地震发生的构造环境. 地震学报, 26 (4): 410~418.
何昌荣, 1999. 两种摩擦本构关系的对比研究. 地震地质, 21 (2): 137~146.
何昌荣, 陶青峰, 王泽利, 2004. 高温高压条件下辉长岩的摩擦强度及其速率依赖性. 地震地质, 26 (3): 450~460.
何登发, 鲁人齐, 黄涵宇, 王晓山, 姜华, 张伟康, 2019. 长宁页岩气开发区地震的构造地质背景. 石油勘探与开发, 46 (5): 993~1006.
何宏林, 池田安隆, 何玉林, 东乡正美, 陈杰, 陈长云, 田力正好, 越後智雄, 冈田真介, 2008. 新生的大凉山断裂带——鲜水河—小江断裂系中段的裁弯取直. 中国科学 (D 辑), 38 (5): 564~574.
洪永福, 2016. 汽车总体设计 (第 2 版). 北京: 机械工业出版社.
胡勐乾, 邓志辉, 陆远忠, 宋键, 路雨, 朱秀云, 孙锋, 2014. 三维数值模拟在华北地区现今构造变形分析中的应用. 地震地质, 36 (1): 148~165.
黄辅琼, 张晓东, 曹则贤, 李建平, 李世海, 2017. 关于推进数值地震预测的思考. 国际地震动态, 4: 4~10.
黄禄渊, 程惠红, 张怀, 高锐, 石耀霖, 2019. 2008 年汶川地震同震—震后应力演化及其对 2017 年九寨沟 $M_S$7.0 地震的影响. 地球物理学报, 62 (04): 1268~1281.
黄禄渊, 张贝, 瞿武林, 张怀, 石耀霖, 2017. 2010 智利 Maule 特大地震的同震效应. 地球物理学报, 60

（3）：972～984.

蒋长胜，庄建仓，2010. 基于时-空 ETAS 模型给出的川滇地区背景地震活动和强震潜在危险区. 地球物理学报，53（2）：305～317.

焦明若，张国民，车时，刘杰，1999a. 中国大陆及其周边地区构造应力场的数值计算及其在地震活动性解释上的应用. 地震学报，21（2）：123～132.

焦明若，张国民，车时，刘杰，1999b. 中国大陆及其邻区地震活动的数值模型研究. 地震学报，21（6）：583～590.

金光，徐伟，曲宏松，2018. 星载一体化高分辨率光学遥感卫星总体设计. 北京：国防工业出版社.

金欣，周仕勇，杨婷，2017. 地震活动性模拟方法及太原地区地震活动性模拟. 地球物理学报，60（4）：1433～1445.

李玉江，陈连旺，陆远忠，詹自敏，2013. 汶川地震的发生对周围断层稳定性影响的数值模拟. 地球科学，38（2）：398～410.

李玉江，陈连旺，叶际阳，2009. 数值模拟方法在应力场演化及地震科学中的研究进展. 地球物理学进展，24（2）：418～431.

李长军，任金卫，孟国杰，秦姗兰，付广裕，杨攀新，2015. 利用地震震源机制资料和形变场模型估算中国大陆及其邻区的地震矩亏损. 地球物理学进展，30（6）：2489～2497.

刘代芹，MIAN L. 王海涛，李杰，程佳，王晓强，2016. 天山地震带境内外主要断层滑动速率和地震矩亏损分布特征研究. 地球物理学报，59（5）：1647～1660.

刘杰，石耀霖，张国民，2001. 基于准三维有限元方法建立的地震活动模型. 地球物理学报，44（06）：814～824.

刘洁，宋惠珍，1999. 用数值模拟方法评估华北北部地震危险性. 地震地质，21（3）：221～228.

刘雷，李玉江，朱良玉，季灵运，2021. 1947 年达日 $M7.7$ 地震对巴颜喀拉块体边界断裂应力影响的数值模拟. 地球物理学报，64（7）：2221～2231.

刘启元，2005. 地震预报研究的主攻方向：动力数值预测. 国际地震动态，5：63～68.

刘启元，吴建春，2003. 论地震数值预测——关于我国地震预测研究发展战略的思考. 地学前缘，10（特刊）：217～224.

刘峡，马瑾，杜雪松，朱爽，李腊月，孙东颖，2016. 川滇主要断裂带近期运动变化及与地震活动关联性. 中国科学（D 辑），46（5）：706～719.

刘峡，孙东颖，马瑾，吕健，李爱荣，梁福逊，占伟，2014. GPS 结果揭示的龙门山断裂带现今形变与受力——与川滇地区其他断裂带的对比研究. 地球物理学报，57（4）：1091～1100.

刘新建，2017. 导弹总体设计导论. 北京：国防工业出版社.

马瑾，1999. 从断层中心论向块体中心论转变：论活动块体在地震活动中的作用. 地学前缘，6（4）：363～370.

马瑾，2009. 断块大地构造与地震活动的构造物理研究. 地质科学，44（4）：1071～1082.

马瑾，Sherman S I，郭彦双，2012. 地震前亚失稳应力状态的识别——以 5°拐折断层变形温度场演化的实验为例. 中国科学（D 辑），42（5）：633～645.

马瑾，郭彦双，2014. 失稳前断层加速协同化的实验室证据和地震实例. 地震地质，36（03）：547～561.

马腾飞，吴忠良，2013. 数值地震预测的关键物理问题. 物理，42（4）：256～262.

孟秋，2020. 黏弹性有限元程序自主开发及其在冰载荷作用下的地表变形和地震迁移的应用研究. 北京：中国科学院大学.

牛露，周永胜，姚文明，邵同宾，马玺，党嘉祥，何昌荣，2018. 高温高压条件下彭灌杂岩的强度对汶川地震发震机制的启示. 地球物理学报，61（5）：1728～1740.

瞿武林，张贝，黄禄渊，尹凤玲，张怀，石耀霖，2016. 2004 年苏门答腊地震的几个断层滑动模型的全球同震位移对比. 地球物理学报，59（8）：2843~2858.
邵志刚，周龙泉，蒋长胜，马宏生，张浪平，2010. 2008 年汶川 $M_S$8.0 地震对周边断层地震活动的影响. 地球物理学报，53（008）：1784~1795.
沈正康，王敏，甘卫军，张祖胜，2003. 中国大陆现今构造应变率场及其动力学成因研究. 地学前缘，10（S1）：93~100.
石富强，邵志刚，占伟，丁晓光，朱琳，李玉江，2018. 青藏高原东北缘活动断裂剪切模量及应力状态数值模拟. 地球物理学报，61（9）：3651~3663.
石富强，张辉，邵志刚，徐晶，邵辉成，李玉江，2020. 华北地区库仑应力演化与强震活动关系. 地球物理学报，63（9）：3338~3354.
石耀霖，2012. 地震数值预报——飘渺的梦，还是现实的路？科学中国人，000（011）：18~25.
石耀霖，曹建玲，2010. 库仑应力计算及应用过程中若干问题的讨论——以汶川地震为例. 地球物理学报，53（1）：102~110.
石耀霖，胡才博，2021. 王仁先生在地震预报中的开拓性工作. 地球物理学报，64（10）：3429~3441.
石耀霖，孙云强，罗纲，董培育，张怀，2018. 关于我国地震数值预测路线图的设想——汶川地震十周年反思. 科学通报，63（19）：1865~1881.
石耀霖，张贝，张斯奇，张怀，2013. 地震数值预测. 物理，42（4）：237~255.
宋方敏，1998. 小江活动断裂带. 北京：地震出版社.
宋惠珍，孙君秀，刘利华，黄立人，张连甲，应绍奋，1987. 北京地区区域应力场的研究. 科学通报，32（6）：450~454.
宋键，唐方头，邓志辉，曹忠权，周斌，肖根如，陈为涛，葛伟鹏，2011. 喜马拉雅东构造结周边地区主要断裂现今运动特征与数值模拟研究. 地球物理学报，54（6）：1536~1548.
孙浩越，何宏林，魏占玉，高伟，2015. 大凉山断裂带北段东支——竹马断裂晚第四纪活动性. 地震地质，37（2）：440~454.
孙其政，吴书贵，2007. 中国地震监测预报四十年. 北京：地震出版社.
孙玉军，张怀，董树文，郑亮，张贝，程惠红，石耀霖，2012. 利用三维孔隙弹性模型探讨紫坪铺水库对汶川地震的影响. 地球物理学报，55（7）：2353~2361.
孙云强，罗纲，2018. 青藏高原东北缘地震时空迁移的有限元数值模拟. 地球物理学报，61（6）：2246~2264.
孙云强，罗纲，胡才博，石耀霖，2020. 基于人工合成地震目录的地震发生概率初步分析. 中国科学（D 辑），50（7）：962~976.
孙云强，罗纲，尹力，石耀霖，2019. 青藏高原东北缘断层系统的大地震迁移概率及断层滑动速度的分段特征. 地球物理学报，62（05）：1663~1679.
唐荣江，朱守彪，2020. 不同摩擦本构关系对断层自发破裂动力学过程的影响. 地球物理学报，63（10）：3712~3726.
陶玮，Timothy M，沈正康，Erika R，张永，2014. 紫坪铺水库造成孔隙弹性耦合变化及其对 2008 年汶川地震触发作用. 地球物理学报，57（10）：3318~3331.
特科特，舒伯特，1986. 地球动力学：连续介质物理在地质问题上的应用，韩贝传，詹贤鋆等，译. 北京：地震出版社
田镇，杨志强，王师迪，2020. 喜马拉雅东构造结主要断裂的地震矩亏损与危险性评估. 地震地质，42（1）：33~49.
万全，王东锋，刘占卿，张桂洪，2015. 航天发射场总体设计. 北京：北京理工大学出版社.

汪建军，2010. 同震，震后和震间应力触发．武汉大学.

汪一鹏，1994. 中国大陆现代构造活动特征//中国地震学会第五次学术大会论文摘要集.

王成虎，王红才，刘立鹏，孙东生，赵卫华，2012. 高温对玄武质凝灰岩力学性能的影响及其机理分析．岩土工程学报，34（10）：1827~1835.

王夫运，段永红，杨卓欣，张成科，赵金仁，张建狮，张先康，刘启元，朱艾斓，徐锡伟，刘宝峰，2009. 川西盐源—马边地震带上地壳速度结构和活动断裂研究——高分辨率地震折射实验结果．中国科学（D辑），38（5）：611~621.

王辉，刘杰，申旭辉，刘勉，李青松，石耀霖，张国民，2010. 断层分布及几何形态对川西及邻区应变分配的影响．中国科学（D辑），40（4）：458~472.

王辉，刘杰，石耀霖，张怀，张国民，2008. 鲜水河断裂带强震相互作用的动力学模拟研究．中国科学（D辑），38（7）：808~818.

王辉，张国民，石耀霖，张怀，刘杰，2006. 青藏活动地块区运动与变形特征的数值模拟．大地测量与地球动力学，26（2）：15~23.

王辉，张国民，张怀，石耀霖，刘杰，申旭晖，2007. 昆仑山口西8.1级地震同震影响场的数值模拟．地震地质，29（3）：637~647.

王凯英，马瑾，2004. 川滇地区断层相互作用的地震活动证据及有限元模拟．地震地质，26（2）：259~272.

王妙月，1994. 板内地震成因与物理预报．地球物理学报，37（S1）：208~213.

王妙月，底青云，张美根，刘飒，朱玲，1999. 地震孕育、发生、发展动态过程的三维有限元数值模拟．地球物理学报，42（2）：218~227.

王仁，1994. 有限单元等数值方法在我国地球科学中的应用和发展．地球物理学报，37（S1）：128~139.

王仁，何国琦，段有泉，蔡永恩，1980. 华北地区地震迁移规律的数学模拟．地震学报，2（1）：32~42.

王仁，黄杰藩，孙荀英，安欧，郭世凤，宋惠珍，潘善德，黄庆华，沈淑敏，杨建华，1982a. 华北地震构造应力场的模拟．中国科学（B辑），4：337~344.

王仁，孙荀英，蔡永恩，1982b. 华北地区近700年地震序列的数学模拟．中国科学（B辑），8：745~753.

王阎昭，王恩宁，沈正康，王敏，甘卫军，乔学军，孟国杰，李铁明，陶玮，杨永林，程佳，李鹏，2008. 基于GPS资料约束反演川滇地区主要断裂现今活动速率，38（5）：582~597.

王运生，王士天，李渝生，2000. 丽江7.0级大震发震机制新见．地震工程学报，22（4）：442~446.

魏占玉，何宏林，石峰，徐岳仁，毕丽思，孙浩越，2012. 大凉山断裂带南段滑动速率估计．地震地质，34（2）：282~293.

闻学泽，杜方，龙锋，范军，朱航，2011. 小江和曲江—石屏两断裂系统的构造动力学与强震序列的关联性．中国科学（D辑），41（5）：713~724.

闻学泽，杜方，易桂喜，龙锋，范军，杨攀新，熊仁伟，刘晓霞，刘琦，2013. 川滇交界东段昭通—莲峰断裂带的地震危险背景．地球物理学报，56（10）：3361~3372.

吴萍萍，李振，李大虎，高尔根，2014. 基于ANSYS接触单元模型的鲜水河断裂带库仑应力演化数值模拟．地球物理学进展，29（5）：2084~2091.

吴忠良，陈运泰，2002. 从弹簧滑块到地震预测：BK模型今昔谈．物理，31（011）：719~724.

吴忠良，丁志峰，张晓东，李丽，邵志刚，李营，胡春峰，车时，2021a. 中国地震科学实验场：历史与未来．地球与行星物理论评，52（2）：234~238.

吴忠良，李茜，张晓东，李丽，汤毅，车时，胡春峰，丁志峰，2021c. 中国地震科学实验场：起步与尝试．地球与行星物理论评，52（6）：675~678.

吴忠良，王龙，车时，李丽，张晓东，邵志刚，丁志峰，李营，刘桂平，2021b. 中国地震科学实验场：认识与实践．地球与行星物理论评，52（3）：348~352.
吴忠良，王龙，李丽，张晓东，邵志刚，李营，孙珂，车时，2021d. 中国地震科学实验场：地震预测与系统设计．地球与行星物理论评，52（6）：679~683.
邢会林，郭志伟，王建超，张熔鑫，刘骏标，姚琪，2022. 断层系统摩擦动力学行为的有限元模拟分析．地球物理学报，65（1）：37~50.
徐晶，邵志刚，马宏生，张浪平，2013. 鲜水河断裂带库仑应力演化与强震间关系．地球物理学报，56（4）：1146~1158.
徐锡伟，程佳，许冲，李西，于贵华，陈桂华，谭锡斌，吴熙彦，2014. 青藏高原块体运动模型与地震活动主体地区讨论：鲁甸和景谷地震的启示．地震地质，36（4）：1116~1134.
徐锡伟，韩竹军，杨晓平，张世民，于贵华，周本刚，李峰，马保起，陈桂华，冉勇康，2016. 中国及邻近地区地震构造图．北京：地震出版社.
徐锡伟，闻学泽，叶建青，马保起，陈杰，周荣军，何宏林，田勤俭，何玉林，王志才，孙昭民，冯希杰，于贵华，陈立春，陈桂华，于慎鄂，冉勇康，李细光，李陈侠，安艳芬，2008. 汶川 $M_S$8.0 地震地表破裂带及其发震构造．地震地质，30（3）：597~629.
徐锡伟，闻学泽，郑荣章，马文涛，宋方敏，于贵华，2003. 川滇地区活动块体最新构造变动样式及其动力来源．中国科学（D 辑），33（S1）：151~162.
徐锡伟，吴熙彦，于贵华，谭锡斌，李康，2017. 中国大陆高震级地震危险区判定的地震地质学标志及其应用．地震地质，39（2）：219~275.
徐锡伟，张培震，闻学泽，秦尊丽，陈桂华，朱艾斓，2005. 川西及其邻近地区活动构造基本特征与强震复发模型．地震地质，27（3）：446~461.
许才军，江国焰，汪建军，温扬茂，2012. 基于 GNSS/InSAR/GIS 的活动断层地震危险性评估系统．测绘学报，41（5）：661~669.
薛霆虓，傅容珊，林峰，2009. 几何弯曲断层活动性的模拟．地球物理学报，52（10）：2509~2518.
杨树新，陆远忠，陈连旺，叶际阳，米琦，2012. 用单元降刚法探索中国大陆强震远距离跳迁及主体活动区域转移．地球物理学报，55（1）：105~116.
姚路，马胜利，2013. 断层同震滑动的实验模拟——岩石高速摩擦实验的意义、方法与研究进展．地球物理学进展，28（2）：607~623.
姚琪，宋金，程佳，杨文，许冲，赵静，2017. 大凉山次级块体的整体抬升和逆时针转动．地质科学，52（2）：328~342.
姚琪，王辉，刘杰，2022. 混合预测在地震数值预测中的尝试和验证．地震地磁观测与研究，2022 年增刊，待刊.
姚琪，王辉，刘杰，王海涛，邢会林，张微，杨文，赵静，姜祥华，2023. 基于数值模拟和地震活动性统计的混合地震预测：在中国地震科学实验场的应用．地球物理学报，待刊.
姚琪，邢会林，徐锡伟，张微，2012a. 断裂两盘岩性差异对汶川地震的影响．地球物理学报，55（11）：3634~3647.
姚琪，邢会林，徐锡伟，张微，刘杰，2018a. 利用非线性摩擦有限元方法计算大凉山次级块体及其周边地区地震危险性．地震地质，40（1）：171~185.
姚琪，徐锡伟，邢会林，程佳，江国焰，马未宇，刘杰，杨文，2018b. 2015 年尼泊尔地震三维发震构造及地震危险性研究．地球物理学报，61（6）：2332~2343.
姚琪，徐锡伟，邢会林，张微，高翔，2012b. 青藏高原东缘变形机制的讨论：来自数值模拟结果的限定．地球物理学报，55（03）：863~874.
尹迪，董培育，曹建玲，石耀霖，2022. 川滇地区地震危险性数值分析．地球物理学报，65（5）：

1612～1627.

尹迪，董培育，石耀霖，2021. 顾及下地壳拖曳力的川滇地区地表形变有限元数值模拟 . 中国科学院大学学报，38（1）：1～8.

尹海权，郭祥云，常明，占伟，李腊月，徐东卓，2020. 跨断层与 GPS 地壳形变数据联合反演鲜水河断裂地震危险性. 地质学报，94（8）：2487～2499.

尹力，罗纲，2018. 有限元数值模拟龙门山断裂带地震循环的地壳变形演化 . 地球物理学报，61（4）：1238～1257.

尹祥础，2011. 固体力学 . 北京：地震出版社.

袁杰，崔泽飞，朱守彪，王进廷，2021. 强震孕育，发生及其复发循环过程的有限单元法模拟 . 地球物理学报，64（2）：537～545.

袁杰，朱守彪，2014. 断层自发破裂动力过程的有限单元法模拟 . 地球物理学报，57（1）：138～156.

张贝，张怀，石耀霖，2015. 有限元模拟弹性位错的等效体力方法 . 地球物理学报，58（5）：1666～1674.

张国民，耿鲁明，石耀霖，1993. 中国大陆强震轮回活动的计算机模型研究 . 中国地震，(01)：22～34.

张国民，张培震，1999. 近年来大陆强震机理与预测研究的主要进展 . 中国基础科学，1（S1）：49～60.

张国民，张培震，2000. “大陆强震机理与预测”中期学术进展 . 中国基础科学，2（10）：4～10.

张怀，吴忠良，张东宁，刘杰，王辉，严珍珍，石耀霖，2009. 虚拟川滇—基于千万网格并行有限元计算的区域强震演化过程数值模型设计和构建 . 中国科学（D 辑），39（3）：260～270.

张培震，邓起东，张国民，马瑾，甘卫军，闵伟，毛凤英，王琪，2003. 中国大陆的强震活动与活动地块 . 中国科学（D 辑），33（S1）：12～20.

张培震，邓起东，张竹琪，李海兵，2013. 中国大陆的活动断裂、地震灾害及其动力过程 . 中国科学（D 辑），43（10）：1607～1620.

张瑞，张竹琪，郑德文，刘兴旺，雷启云，邵延秀，2021. 鄂尔多斯活动地块西缘强震间库仑应力作用 . 地球物理学报，64（10）：3576～3599.

张世民，聂高众，刘旭东，任俊杰，苏刚，2005. 荥经—马边—盐津逆冲构造带断裂运动组合及地震分段特征 . 地震地质，27（2）：221～233.

张文佑，1984. 断块构造导论 . 北京：石油出版社.

赵文涛，罗纲，靳锡波，孙云强，2022. 人工地震目录的评估及其在青藏高原东北缘的应用 . 地球物理学报，65（1）：67～78.

郑文俊，王庆良，袁道阳，张冬丽，张竹琪，张逸鹏，2020. 活动地块假说理论框架的提出，发展及未来需关注的科学问题 . 地震地质，42（2）：245～270。

中国地震局，2004. 地震观测预报实验场建设（EPF）建议书（牵头：张国民）.

中国地震局，2005. 中国地震监测预报试验场项目建议书（牵头：张培震）.

中国地震局，2007. 国家“十一五”重点建设项目“国家地震安全工程”——国家地震预报实验场建设项目建议书代可行性研究报告（牵头：高孟潭）.

中国地震局，2009. 地震预报实验场项目建议书预研报告（牵头：吴忠良）.

中国地震局，2010. 国家地震预报实验场建设项目建议书（牵头：任金卫）.

中国地震局，2012. 国家地震预报实验场项目建议书（牵头：闻学泽）.

中国地震科学实验场科学设计编写组，2019. 中国地震科学实验场科学设计 . 北京：中国标准出版社.

中国地震科学实验场数据年报（2019）编写组，2021. 中国地震科学实验场 2019 年度数据年报 . 北京：地震出版社.

周仕勇，2008. 川西及邻近地区地震活动性模拟和断层间相互作用研究 . 地球物理学报，51（1）：165～174.

周仕勇，姜明明，Russell R. 2006. 1997 年新疆伽师强震群发展过程中发震断层间相互作用的影响．地球物理学报，49（4）：1102～1109.

朱传镇，1991. 日、美、苏地震预报研究的主要进展．地震地磁观测研究，12（5）：37～47.

朱桂芝，王庆良，2005. 双节点有限元模拟直立走滑断裂地震位移场．地震研究，28（2）：189～192.

朱守彪，石耀霖，2004. 用遗传有限单元法反演川滇下地壳流动对上地壳的拖曳作用．地球物理学报，47（2）：232～239.

朱守彪，邢会林，谢富仁，石耀霖，2008. 地震发生过程的有限单元法模拟——以苏门答腊俯冲带上的大地震为例．地球物理学报，51（02）：460～468.

朱守彪，张培震，2009. 2008 年汶川 $M_S$8.0 地震发生过程的动力学机制研究．地球物理学报，052（002）：418～427.

朱爽，梁洪宝，魏文薪，李经纬，2021. 天山地震带主要活动断层现今的滑动速率及其地震矩亏损．地震地质，43（1）：249～261.

朱振才，张科科，陈宏宇，胡海鹰，李宗耀，2016. 微小卫星总体设计与工程实践．北京：科学出版社.

祝爱玉，孙子涵，蒋长胜，陈石，张东宁，崔光磊，2021. 不同注水方式下断层动力学响应数值模拟研究．地震学报，43（6）：730～744.

《2016～2025 年中国大陆地震危险区与地震灾害损失预测研究》项目组，2020. 2016～2025 年中国大陆地震危险区与地震灾害损失预测研究．北京：地图出版社.

Aagaard B T, Knepley M G, Williams C A, 2013. A domain decomposition approach to implementing fault slip in finite-element models of quasi-static and dynamic crustal deformation: fault slip via domain decomposition. Journal of Geophysical Research Atmospheres, 118 (6): 3059-3079.

Akaike H, 1974. A new look at statistical model identification. IEEE Transactions on Automatic Control, AC19 (6): 716 - 723.

Aki K, Richards P G, 2002. Quantitative seismology (Second edition). Sausalito, California, University Sience Books.

Andrews D J, 1976. Rupture propagation with finite stress in antiplane strain. Journal of Geophysical Research, 81 (20): 3575 - 3582.

Aochi H, Fukuyama E, Matsu'ura M, 2000. Selectivity of spontaneous rupture propagation on a branched fault. Geophysical Research Letters, 27 (22): 3635 - 3638.

Argus D F, Gordon R G, DeMets C, 2011. Geologically current motion of 56 plates relative to the no-net-rotation reference frame. Geochemistry, Geophysics, Geosystems, 12 (11): Q11001.

Bai M, Chevalier M L, Pan J, Replumaz A, Leloup P H, Métois M, Li H, 2018. Southeastward increase of the late Quaternary slip-rate of the Xianshuihe fault, eastern Tibet. Geodynamic and seismic hazard implications. Earth and Planetary Science Letters, 485: 19 - 31.

Bakun W H, Lindh A G, 1985. The Parkfield, California, earthquake prediction experiment. Science, 229: 619 - 624.

Barbot S, Lapusta N, Avouac J P, 2012. Under the hood of the earthquake machine: Toward predictive modeling of the seismic cycle. Science, 336 (6082): 707 - 710.

Beeler N M, Tullis T E, 1996. Self-Healing Slip Pulses in Dynamic Rupture Models due to Velocity-Dependent Strength. Bulletin of the Seismological Society of America, 86 (4): 1130 - 1148.

Beeler N M, Tullis T E, Goldsby D L, 2008. Constitutive relationships and physical basis of fault strength due to flash heating. Journal of Geophysical Research: Solid Earth, 113 (B1): B01401.

Ben-Zion Y, 2001. Dynamic ruptures in recent models of earthquake faults. Journal of the Mechanics and Physics of

Solids, 49 (9): 2209 - 2244.

Ben-Zion Y, 2008. Collective behavior of earthquakes and faults: Continuum-discrete transitions, progressive evolutionary changes, and different dynamic regimes. Reviews of Geophysics, 46, RG4006.

Bird P, 2003. An updated digital model of plate boundaries. Geochemistry, Geophysics, Geosystems, 4 (3): 1027.

Bizzarri A, 2011. On the deterministic description of earthquakes. Reviews of Geophysics, 49 (3): RG3002.

Bowman D D, King G C P, 2001. Accelerating seismicity and stress accumulation before large earthquakes. Geophysical Research Letters, 28 (21): 4039 - 4042.

Brace W F, Byerlee J D, 1966. Stick-Slip as a Mechanism for Earthquakes. Science, 153 (3739): 990 - 992.

Burridge B R, Knopoff L, 1967. Model of theoretical seismicity. Bull. Seism. Soc. Am, 57 (3): 341 - 371.

Burbank D W and Anderson R S, 2011. Tectonic geomorphology (2nd edition). Wiley-Blackwell, Chichester.

Byerlee J, 1978. Friction of rocks. Pure and Applied Geophysics, 116 (4 - 5): 615 - 626.

Chakrabarti A, Ghosh J K, 2011. AIC, BIC and Recent Advances in Model Selection. Philosophy of Statistics, 583 - 605.

Cheng H, Zhang B, Huang L, Zhang H, Shi Y, 2019. Calculating coseismic deformation and stress changes in a heterogeneous ellipsoid earth model. Geophysical Journal International, 216 (2): 851 - 858.

Chinnery M A, 1963. The stress changes that accompany strike-slip faulting. Bulletin of the Seismological Society of America, 53 (5): 921 - 932.

Cochard A, Madariaga R, 1994. Dynamic faulting under rate-dependent friction. Pure and Applied Geophysics, 142 (3): 419 - 445.

Cochard A, Madariaga R, 1996. Complexity of seismicity due to highly rate-dependent friction. Journal of Geophysical Research Solid Earth, 101 (B11): 25321 - 25336.

Dahm T, Hainzl S, 2022. A Coulomb Stress response model for time-dependent earthquake forecasts. Journal of Geophysical Research: Solid Earth, e2022JB024443.

Davis J F, Somerville P, 1982. Comparison of earthquake prediction approaches in the Tokai area of Japan and in California. Bulletin of the Seismological Society of America, 72 (6B): S367 - S392.

DeMets C, Gordon R G, Argus D F, 2010. Geologically current plate motions. Geophysical Journal International, 181 (1): 1 - 80.

DeMets C, Gordon R G, Argus D F, Stein S, 1990. Current plate motions. Geophysical Journal International, 101 (2): 425 - 478.

DeMets C, Gordon R G, Argus D F, Stein S, 1994. Effect of recent revisions to the geomagnetic reversal time scale on estimates of current plate motions. Geophysical Research Letters, 21 (20): 2191 - 2194.

Deng K, Liu Y, Chen X, 2020. Correlation Between Poroelastic Stress Perturbation and Multidisposal Wells Induced Earthquake Sequence in Cushing, Oklahoma. Geophysical Research Letters, 47 (20): e2020GL0893.

Dieterich J H, 1978. Time-dependent friction and the mechanics of stick-slip. Rock friction and earthquake prediction, 116 (4 - 5): 790 - 806.

Dieterich J H, 1979. Modeling of Rock Friction: 1 Experimental. Results and Constitutive Equations. Journal of Geophysical Research: Solid Earth, 84 (B5): 2161 - 2168.

Dieterich J H, 1994. A constitutive law for rate of earthquake production and its application to earthquake clustering. Journal of Geophysical Research: Solid Earth, 99 (B2): 2601 - 2618.

Dong P, Zhao B, Qiao X, 2022. Interaction between historical earthquakes and the 2021 $M_W$ 7.4 Maduo event and their impacts on the seismic gap areas along the East Kunlun fault. Earth, Planets and Space, 74 (1): 1 - 14.

Duan B C, Oglesby D D, 2005a. Multicycle dynamics of nonplanar strike-slip faults. Journal of Geophysical Research: Solid Earth, 110, B03304.

Duan B C, Oglesby D D, 2005b. The Dynamics of Thrust and Normal Faults over Multiple Earthquake Cycles: Effects of Dipping Fault Geometry. Bulletin of the Seismological Society of America, 95 (5): 1623 - 1636.

Ellsworth W L, Giardini D, Townend J, Ge S, Shimamoto T, 2019. Triggering of the Pohang, Korea, Earthquake ($M_W$ 5.5) by Enhanced Geothermal System Stimulation. Seismological Research Letters, 90 (5): 1844 - 1858.

Ellsworth, William L, 2013. Injection-Induced Earthquakes. Science, 341: 1225942.

Evans R, Beamish D, Crampin S, Ucer S B, 1987. The Turkish dilatancy project (TDP3): Multidisciplinary studies of a potential earthquake source region. Geophysical Journal of Royal Astronomical Society, 91 (2): 265 - 286.

Field E D, 2007a. Special issue-Regional earthquake likelihood models. Seismological Research Letters, 78 (1): 140.

Field E H, 2007b. Overview of the working group for the development of regional earthquake likelihood models (RELM). Seismological Research Letters, 78 (1): 7 - 16.

Field E H, 2015a. Computing elastic-rebound-motivated earthquake probabilities in unsegmented fault models: A new methodology supported by physics-based simulators. Bulletin of the Seismological Society of America, 105 (2A): 544 - 559.

Field E H, Arrowsmith R J, Biasi G P, Bird P, Dawson T E, Felzer K R, Jackson D D, Johnson K M, Jordan T H, Madden C, Michael A J, Milner K R, Page M T, Parsons T, Powers P M, Shaw B E, Thatcher W R, Weldon R J, Zeng Y H, 2014. Uniform California Earthquake Rupture Forecast, version 3 (UCERF3): The time-independent model. Bulletin of the Seismological Society of America, 104 (3): 1122 - 1180.

Field E H, Biasi G P, Bird P, Dawson T E, Felzer K R, Jackson D D, Johnson K M, Jordan T H, Madden C, Michael A J, Milner K R, Page M T, Parsons T, Powers P M, Shaw B E, Thatcher W R, Weldon R J, Zeng Y H, 2015b. Long-term time-dependent probabilities for the third Uniform California Earthquake Rupture Forecast (UCERF3). Bulletin of the Seismological Society of America, 105 (2A): 511 - 543.

Field E H, Milner K R, Hardebeck J L, Page M T, van der Elst N, Jordan T H, Michael A J, Shaw B E, Werner M J, 2017. A Spatiotemporal Clustering Model for the Third Uniform California Earthquake Rupture Forecast (UCERF3-ETAS): Toward an Operational Earthquake Forecast. Bulletin of the Seismological Society of America, 107 (3): 1049 - 1081.

Fraser L H, Henry H A L, Carlyle C N, White S R, Beierkuhnlein C, Cahill J F, Jr Casper B B, Cleland E, Collins S L, Dukes J S, Knapp A K, Lind E, Long R, Luo Y, Reich P B, Smith M D, Sternberg M, Turkington R, 2012. Coordinated distributed experiments: An emerging tool for testing global hypotheses in ecology and environmental science. Frontier in Ecology and Environment Science, 11 (3): 147 - 155.

Fukuyama E, Madariaga R, 1998. Rupture dynamics of a planar fault in a 3D elastic medium: rate-and slip-weakening friction. Bulletin of the Seismological Society of America, 88 (1): 1 - 17.

Gabrielov A M, Levshina T A, Rotwain I M, 1990. Block model of earthquake sequence. Physics of the Earth and Planetary Interiors, 61 (1 - 2): 18 - 28.

Gan W J, Zhang P Z, Shen Z K, Niu Z J, Wang M, Wan Y G, Zhou D M, Cheng J, 2007. Present-day crustal motion within the Tibetan Plateau inferred from GPS measurements. Journal of Geophysical Research: Solid Earth, 112, B08416.

Giardini D, Grünthal G, Shedlock K M, Zhang P, 1999. The GSHAP Global Seismic Hazard Map. Annals of

Geophysics, 42 (6): 1225 - 1228.

Gripp A E, Gordon R G, 2002. Young tracks of hotspots and current plate velocities. Geophysical Journal International, 150: 321 - 361.

Gupta H K, 2001. Short-term earthquake forecasting maybe feasible at Koyna, India. Tectonophysics, 338 (3 - 4): 353 - 357.

Hardebeck J L, Nazareth J J, Hauksson E, 1998. The static stress change triggering model: Constraints from two southern California aftershock sequences. Journal of Geophysical Research: Solid Earth, 103 (B10): 24427 - 24437.

Harris R A, 1998. Introduction to special section: stress triggers, stress shadows, and implications for seismic hazard. Journal of Geophysical Research: Solid Earth, 103 (B10): 24347 - 24358.

Harris R A, Simpson R W, 1992. Changes in static stress on southern California faults after the 1992 Landers earthquake. Nature, 360: 251 - 254.

Harris R A, Simpson R W, Reasenberg P A, 1995. Influence of static stress changes on earthquake locations in southern California. Nature, 375 (6528): 221 - 224.

He H L, Oguchi T, 2008. Late Quaternary activity of the Zemuhe and Xiaojiang faults in southwest China from geomorphological mapping. Geomorphology, 96 (1 - 2): 62 - 85.

He J, Lu S, Wang X, 2009. Mechanical relation between crustal rheology, effective fault friction, and strike-slip partitioning among the Xiaojiang fault system, southeastern Tibet. Journal of Asian Earth Sciences, 34 (3): 363 - 375.

Heimisson E R, Segall P, 2018. Constitutive Law for Earthquake Production Based on Rate-and-State Friction: Dieterich 1994 Revisited. Journal of Geophysical Research: Solid Earth, 123 (5): 4141 - 4156.

Hill D P, A. Reasenberg P A, Michael A, Arabaz W J, Beroza G, Brumbaugh D, Brune J N, Castro R, Davis S, Depolo D, Ellsworth W L, Gomberg J, Harmsen S, House L, Jackson S M, Johnston M J S, Jones L, Keller R, Malone S, Munguia L, Nava S, Pechmann J C, Sanford A, Simpson R W, Smith R B, Stark M, Stickney M, Vidal A, Walter S, Wong V, Zollweg J, 1993. Seismicity remotely triggered by the magnitude 7.3 Landers, California, earthquake. Science, 260: 1617 - 1623.

Hu C B, Zhou Y J, Cai Y E, Wang C Y, 2009. Study of Earthquake Triggering in a Heterogeneous Crust Using a New Finite Element Model. Seismological Research Letters, 80 (5): 799 - 807.

Hu C B, Cai Y, Liu M, Wang Z M, 2013. Aftershocks due to property variations in the fault zone: A mechanical model. Tectonophysics, 588: 179 - 188.

Hu C B, Cai Y, Wang Z M, 2012. Effects of large historical earthquakes, viscous relaxation, and tectonic loading on the 2008 Wenchuan earthquake. Journal of Geophysical Research: Solid Earth, 117: B06410.

Hu Y, Buergmann R, Uchida N, Banerjee P, Freymueller J T, 2016. Stress-driven relaxation of heterogeneous upper mantle and time-dependent afterslip following the 2011 Tohoku earthquake. Journal of geophysical research. Solid earth: JGR, 121 (1): 385 - 411.

Hu Y, Freymueller J T, 2019. Geodetic Observations of Glacial Isostatic Adjustment in Southeast Alaska and its Implication of Earth Rheology. Journal of Geophysical Research: Solid Earth, 124: 9870 - 9889.

Hu Y, 2004. Three-dimensional viscoelastic finite element model for postseismic deformation of the great 1960 Chile earthquake. Journal of Geophysical Research Solid Earth, 109: B12403.

Huang K, Hu Y, Freymueller J T, 2020a. Decadal Viscoelastic Postseismic Deformation of the 1964 $M_W$9.2 Alaska Earthquake. Journal of Geophysical Research: Solid Earth, 125 (9): e2020JB019649.

Huang L, Zhang B, Shi Y, 2020b. Def3D, a FEM simulation tool for computing deformation near active faults and volcanic centers. Physics of The Earth and Planetary Interiors, 309 (6A): 106601.

Huang Y, Wang Q, Hao M, Zhou S, 2018. Fault Slip Rates and Seismic Moment Deficits on Major Faults in Ordos Constrained by GPS Observation. Scientific Reports, 8: 16192.

Ismail-Zadeh A, Kumar A, 2021. Deterministic, probabilistic, and data-enhanced models of seismic hazard assessments with some applications to central Asian regions. Journal Geological Society of India, 97: 1508 - 1513.

Ismail-Zadeh A, Le Mouël J-L, Soloviev A, 2012. Modeling of extreme seismic events. In: Sharma S A, Bunde A, Dimri V P, Baker D N (Eds.), Extreme Events and Natural Hazards: The Complexity Perspective. Geophysical Monograph 196, Amer. Geophys. Un., Washington, D. C.

Ismail-Zadeh A, Le Mou? l J-L, Soloviev A, Tapponnier P, Vorobieva I, 2007. Numerical modelling of crustal block-and-fault dynamics, earthquakes and slip rates in the Tibet-Himalayan region. Earth and Planetary Science Letters., 258 (3 - 4): 465 - 485.

Ismail-Zadeh A, Soloviev A, Sokolov V, Vorobieva I, Muller B, Schilling F, 2018. Quantitative modeling of the lithosphere dynamics, earthquakes and seismic hazard. Tectonophysics, 746: 624 - 647.

Jiang G Y, Wen Y M, Liu Y J, Xu X W, Fang L H, Chen G H, Gong M, Xu C J, 2015a, Joint analysis of the 2014 Kangding, southwest China, earthquake sequence with seismicity relocation and InSAR inversion. Geophysical Research Letters, 42 (9): 3273 - 3281.

Jiang G Y, Xu X W, Chen G H, Liu Y J, Fukahata Y, Wang H, Yu G H, Tan X B, Xu C, 2015b. Geodetic imaging of potential seismogenic asperities on the Xianshuihe-Anninghe-Zemuhe fault system, southwest China, with a new 3-D viscoelastic interseismic coupling model. Journal of Geophysical Research: Solid Earth, 120 (3): 1855 - 1873.

Jordan T H, 2006. Earthquake system science in southern California. Bulletin of the Earthquake Research Institute, University of Tokyo, 81: 211 - 219.

Jordan T H, 2009. Earthquake system science: potential for seismic risk reduction. Transaction A: Civil Engineering, Sharif University of Technology, 16: 351 - 366.

Jordan T H, 2014. The Prediction Problems of Earthquake System Science. Seismological Research Letters, 85 (4): 767 - 769.

Jungels P H, Frazier G A, 1973. Finite element analysis of the residual displacements for an earthquake rupture: Source parameters for the San Fernando earthquake. Journal of Geophysical Research, 78 (23): 5062 - 5083.

Kang W J, Xu X W, Oskin M E, Yu G H, Luo J H, Chen G H, Luo H, Sun X Z, Wu X Y, 2020. Characteristic slip distribution and earthquake recurrence along the eastern Altyn Tagh fault revealed by high-resolution topographic data. Geosphere, 16 (1): 392 - 406.

Kato N, Tullis T E, 2001. A composite rate- and state-dependent law for rock friction. Geophysical Research Letters, 28 (6): 1103 - 1106.

King G C P, Stein R S, Lin J, 1995. Static stress changes and the triggering of earthquakes. Bulletin of the Seismological Society of America, 84: 935 - 953.

Kostrov B V, 1974. Seismic moment, energy of earthquakes and seismic flow of rock. Izv. acad. sci. ussr Phys. solid Earth, 1: 23 - 24.

Lapusta N, 2009. The roller coaster of fault friction. Nature Geoscience, 2 (10): 676 - 677.

Lapusta N, Liu Y, 2009. Three-dimensional boundary integral modeling of spontaneous earthquake sequences and aseismic slip. Journal of Geophysical Research: Solid Earth, 114, B09303.

Lapusta N, Rice J R, Ben-Zion Y, Zheng G, 2000. Elastodynamic analysis for slow tectonic loading with spontaneous rupture episodes on faults with rate- and state-dependent friction. Journal of Geophysical Research: Solid

Earth, 105 (B10): 23765 - 23789.

Laursen J, 1992. An augmented lagrangian treatment of contact problems involving friction. Computers and Structures.

Lawson A C, Reid H F, 1908. The California earthquake of April 18, 1906: report of the state earthquake investigation commission (volume 1 and the Atlas). Carnegie Institution of Washington, Washington, D. C.

Lei X, Su J, Wang Z, 2020. Growing seismicity in the Sichuan Basin and its association with industrial activities. Science China Earth Sciences, 63 (11): 1633 - 1660.

Lei X, Yu G, Ma S, Wen X, Wang Q, 2008. Earthquakes induced by water injection at ~3km depth within the Rongchang gas field, Chongqing, China. Journal of Geophysical Research, 113: B10310.

Li K, Tapponnier P, Xu X W, Ren J J, Wang S G, Zhao J X, 2022. Holocene slip rate along the Beng Co fault and dextral strike-slip extrusion of central eastern Tibet. Tectonics, 41, e2022TC007230.

Li Q, Liu M, Zhang H, 2009. A 3-D viscoelastoplastic model for simulating long-term slip on non-planar faults. Geophysical Journal of the Royal Astronomical Society, 176 (1): 293 - 306.

Li X, Xu X W, Ran Y K, Cui J W, Xie Y Q, Xu F K, 2015. Compound fault rupture in the 2014 $M_S$6.5 Ludian, China, earthquake and significance to disaster mitigation. Seismological Research Letters, 86 (3): 764 - 774.

Li Y, Li L, Wang L, Han L, Wu Z L, 2021. China Seismic Experimental Site (CSES): Challenges of Deep Earth Exploration and Practice (DEEP). Acta Geologica Sinica-English Edition, 95: 59 - 61.

Lin J, Stein R S, 2004. Stress triggering in thrust and subduction earthquakes and stress interaction between the southern San Andreas and nearby thrust and strike-slip faults. Journal of Geophysical Research Atmospheres, 109: B02303.

Lin X G, Sun W K, Zhang H, Zhou X, Shi Y L, 2013. A Feasibility Study of an FEM Simulation Used in Co-Seismic Deformations: A Case Study of a Dip-Slip Fault. Terrestrial Atmospheric & Oceanic Sciences, 24 (4): 637 - 647.

Liu C, Dong P, Shi Y, 2017. Stress change from the 2015 $M_W$7.8 Gorkha earthquake and increased hazard in the southern Tibetan Plateau. Physics of the Earth & Planetary Interiors, 267: 1 - 8.

Liu M, Stein S, 2016. Mid-continental earthquakes: Spatiotemporal occurrences, causes, and hazards. Earth-Science Reviews, 162: 364 - 386.

Lu R Q, He D F, Suppe J, Ma Y S, Liu B, Chen Y, 2012. Along-strike variation of the frontal zone structural geometry of the Central Longmen Shan thrust belt revealed by seismic reflection profiles. Tectonophysics, 580 (10): 178 - 191.

Luo G, Liu M, 2010. Stress evolution and fault interactions before and after the 2008 Great Wenchuan earthquake. Tectonophysics, 491 (1 - 4): 127 - 140.

Luo G, Liu M, 2012. Multi-timescale mechanical coupling between the San Jacinto fault and the San Andreas fault, southern California. Lithosphere, 4 (3): 221 - 229.

Luo G, Liu M, 2018. Stressing Rates and Seismicity on the Major Faults in Eastern Tibetan Plateau. Journal of Geophysical Research: Solid Earth, 123 (12): 10968 - 910986.

Mair K, Marone C, 1999. Friction of simulated fault gouge for a wide range of velocities and normal stresses. Journal of Geophysical Research, 104 (B12): 28899 - 28914.

Mancini S, Segou M, Werner M J, Parsons T, 2020. The predictive skills of elastic Coulomb rate-and-state aftershock forecasts during the 2019 Ridgecrest, California, earthquake sequence. Bulletin of the Seismological Society of America, 110 (4): 1736 - 1751.

Marone C, 1998. Laboratory-derived friction laws and their application to seismic faulting. Annual Review of Earth and Planetary Sciences, 26 (1): 643 - 696.

Mcgarr A, Simpson D, Seeber L, Lee W, 2002. Case histories of induced and triggered seismicity. International Geophysics Series, 81 (A): 647 - 664.

Meade B J, Hager B H, 2005a. Block models of crustal motion in southern California constrained by GPS measurements. Journal of Geophysical Research: Solid Earth, 110: B03403.

Meade B J, Hager B H, 2005b. Spatial localization of moment deficits in southern California. Journal of Geophysical Research, 110: B04402.

Melosh H J, Raefsky A, 1981. A simple and efficient method for introducing faults into finite element computations. Bulletin seismological Society America, 71 (5): 1391 - 1400.

Mogi K, 2004. Two grave issues concerning the expected Tokai earthquake. Earth, Plants and Space, 56: li-lxvi.

Molchan G, 2010. Space-Time Earthquake Prediction: The Error Diagrams. Pure and Applied Geophysics, 167 (8): 907 - 917.

Ohnaka M, Yamashita T, 1989. A cohesive zone model for dynamic shear faulting based on experimentally inferred constitutive relation and strong motion source parameters. Journal of Geophysical Research, 94 (B4): 4089.

Ohnaka, M, Shen L, 1999. Scaling of the shear rupture process from nucleation to dynamic propagation: Implications of geometric irregularity of the rupturing surfaces. Journal of Geophysical Research: Solid Earth, 104 (B1): 817 - 844.

Okada Y, 1985. Surface deformation due to shear and tensile faults in a half-space. Bulletin of the Seismological Society of America Search, 75 (4): 1135 - 1154.

Okada Y, 1992. Internal deformation due to shear and tensile faults in a half-space. Bulletin of the Seismological Society of America Search, 82 (2): 1018 - 1040.

Olsen K B, Madariaga, R, 1997. Three-dimensional dynamic simulation of the 1992 Landers earthquake. Science, 278 (5339): 835 - 835.

Olsen-Kettle L M, Weatherley D, Saez E, Gross L, Mühlhaus H B, Xing H L, 2008. Analysis of slip-weakening frictional laws with static restrengthening and their implications on the scaling, asymmetry, and mode of dynamic rupture on homogeneous and bimaterial interfaces. Journal of Geophysical Research: Solid Earth, 113: B08307.

Page M, Felzer K, 2015. Southern San Andreas Fault seismicity is consistent with the Gutenberg-Richter magnitude-frequency distribution. Bulletin of the Seismological Society of America, 105 (4): 2070 - 2080.

Page M T, Field E H, Milner K R, Powers P M, 2014. The UCERF3 grand inversion: Solving for the long-term rate of ruptures in a fault system. Bulletin of the Seismological Society of America, 104 (3): 1181 - 1204.

Parsons T, Ji C, Kirby E, 2008. Stress changes from the 2008 Wenchuan earthquake and increased hazard in the Sichuan basin. Nature, 454 (7203): 509 - 510.

Pires E B, Oden J T, 1983. Analysis of contact problems with friction under oscillating loads. Computer Methods in Applied Mechanics and Engineering, 39 (3): 337 - 362.

Ran Y K, Chen L C, Cheng J, Gong H L, 2008. Late Quaternary surface deformation and rupture behavior of strong earthquake on the segment north of Mianning of the Anninghe fault. Science in China Series D: Earth Sciences, 51 (9): 1224 - 1237.

Reasenberg P A, Simpson R W, 1992. Response of regional seismicity to the static stress change produced by the Loma Prieta earthquake. Science, 255 (5052): 1687 - 1690.

Reid H F, 1910. The mechanics of the earthquake, The California Earthquake of April 18, 1906, in Report of the State Earthquake Investigation Commission (volume 2), Carnegie Institution of Washington, Washington, D. C.

Ren J J, Xu X W, Zhang S M, Yeats R S, Chen J W, Zhu A L, Liu S, 2018. Surface rupture of the 1933 *M*7.5 Diexi earthquake in eastern Tibet: implications for seismogenic tectonics. Geophysical Journal International, 212 (3): 1627 – 1644.

Roeloffs E, 2000. The Parkfield California earthquake experiment: An update in 2000. Current Science, 79: 1226 – 1236.

Rollins J C, Stein R S, 2010. Coulomb stress interactions among $M \geqslant 5.9$ earthquakes in the Gorda deformation zone and on the Mendocino Fault Zone, Cascadia subduction zone, and northern San Andreas Journal of Geophysical Research Atmospheres, 115: B12306.

Royden L H, Burchfiel B C, King R W, Wang E, Chen Z, Shen F, Liu Y, 1997. Surface deformation and lower crustal flow in eastern Tibet. Science, 276 (5313): 788 – 790.

Ruina A, 1983. Slip instability and state variable friction laws. Journal of Geophysical Research: Solid Earth, 88 (B12): 10359 – 10370.

Ryan K J, Oglesby D D, 2014. Dynamically modeling fault step overs using various friction laws. Journal of Geophysical Research: Solid Earth, 119 (7): 5814 – 5829.

Ryan K J, Oglesby D D, 2015. Dynamically modeling fault step overs using various friction laws. Journal of Geophysical Research: Solid Earth, 119 (7): 5814 – 5829.

Scholz C H, 1990. The mechanics of earthquakes and faulting. 马胜利，曾正文，刘力强，张崇山，陈开平，马瑾，译. 北京：地震出版社. 1996. 47 – 103.

Scholz C H, 1998. Earthquakes and friction laws. Nature, 391 (6662): 37 – 42.

Scholz C H, 2019. The mechanics of earthquakes and faulting (3rd edition). New York: Cambridge University Press.

Schorlemmer D, Werner M J, Marzocchi W, Jordan T H, Ogata Y, Jackson D D, Mak Sum, Rhoades David A, Gerstenberger M C, Hirata N, Liukis M, Maechling P J, Strader A, Taroni M, Wiemer S, Zechar J D, Zhuang J C, 2018. The collaboratory for the study of earthquake predictability: Achievements and priorities. Seismological Research Letters, 89 (4): 1305 – 1313.

Shao Z, Xu J, Ma H, Zhang L, 2016. Coulomb stress evolution over the past 200 years and seismic hazard along the Xianshuihe fault zone of Sichuan, China. Tectonophysics, 670: 48 – 65.

Silverman B W, 1998. Density Estimation for Statistics and Data Analysis. New York: Routledge.

Simo J C, Laursen T A, 1992. An augmented Lagrangian treatment of contact problems involving friction. Computers & Structures, 42 (1): 97 – 116.

Smith B, Sandwell D, 2003. Coulomb stress accumulation along the San Andreas Fault system. Journal of Geophysical Research: Solid Earth, 108 (B6): 2296.

Smith B, Sandwell D, 2004. A three-dimensional semianalytic viscoelastic model for time-dependent analyses of the earthquake cycle. Journal of Geophysical Research Atmospheres, 109: B12401.

Sokolov V, Ismail-Zadeh A, 2015. Seismic hazard from instrumentally recorded, historical and simulated earthquakes: Application to the Tibet-Himalayan region. Tectonophysics, 657: 187 – 204.

Soloviev A, Ismail-Zadeh A, 2003. Models of dynamics of block and fault systems. In: Keilis-Borok V, Soloviev A (Eds.), Nonlinear Dynamics of the Lithosphere and Earthquake Prediction. Springer, Heidelberg.

Sone H, Shimamoto T, 2009. Frictional resistance of faults during accelerating and decelerating earthquake slip. Nature Geoscience, 2 (10): 705 – 708.

Stein R S, 1999. The role of stress transfer in earthquake occurrence. Nature, 402: 604 – 609.

Stein R S, Barka A A, Dieterich J H, 1997. Progressive failure on the North Anatolian fault since 1939 by earthquake stress triggering. Geophysical Journal of the Royal Astronomical Society, 128 (3): 594 – 604.

Stein R S, Hanks T C, 1998. $M \geqslant 6$ earthquakes in southern California during the twentieth century: No evidence for a seismicity or moment deficit. Bulletin of the Seismological Society of America, 88 (3): 635 – 652.

Sun X L, Yang P T, Zhang Z W, 2017. A study of earthquakes induced by water injection in the Changning salt mine area, SW China. Journal of Asian Earth Sciences, 136: 102 – 109.

Tan X B, Lee Y H, Chen W Y, Cook K L, Xu X W, 2014. Exhumation history and faulting activity of the southern segment of the Longmen Shan, eastern Tibet. Journal of Asian Earth Sciences, 81: 91 – 104.

Tan Y, Hu J, Zhang H, Chen Y, Qian J, Wang Q, Zha H, Tang P, Nie Z, 2020. Hydraulic Fracturing Induced Seismicity in the Southern Sichuan Basin Due to Fluid Diffusion Inferred from Seismic and Injection Data Analysis. Geophysical Research Letters, 47 (4): e2019GL0848.

Toda S, 2005. Forecasting the evolution of seismicity in southern California: Animations built on earthquake stress transfer. Journal of Geophysical Research, 110 (B5).

Toda S, Lin J, Meghraoui M, Stein R S, 2008. 12 May 2008 $M = 7.9$ Wenchuan, China, earthquake calculated to increase failure stress and seismicity rate on three major fault systems. Geophysical Research Letters, 35: L17305.

Toda S, Stein R S, Reasenberg P A, Dieterich J H, Yoshida A, 1998. Stress transferred by the 1995 $M_W = 6.9$ Kobe, Japan, shock: Effect on aftershocks and future earthquake probabilities. Journal of Geophysical Research: Solid Earth, 103 (B10): 24543 – 24565.

Tse S T, Rice J R, 1986. Crustal earthquake instability in relation to the depth variation of frictional slip properties. Journal of Geophysical Research, 91 (B9): 9452 – 9472.

Turcotte D L, 1992. Fractals and Chaos in Geology and Geophysics. Cambridge: Cambridge University Press.

Wang H, Liu M, Cao J, Shen X, Zhang G, 2011. Slip rates and seismic moment deficits on major active faults in mainland China. Journal of Geophysical Research Solid Earth, 116: B02405.

Wang H, Liu M, Shen X H, Liu J, 2010. Balance of seismic moment in the Songpan-Ganze region, eastern Tibet: Implications for the 2008 Great Wenchuan earthquake. Tectonophysics, 491 (1 – 4): 154 – 164.

Wang H, Ran Y, Li Y, Gomez F, Chen L C, 2014. A 3400-year-long paleoseismologic record of earthquakes on the southern segment of Anninghe fault on the southeastern margin of the Tibetan Plateau. Tectonophysics, 628: 206 – 217.

Wang M, Shen Z K, 2020. Present-Day Crustal Deformation of Continental China Derived from GPS and Its Tectonic Implications. Journal of Geophysical Research: Solid Earth, 125, e2019JB018774.

Wang R, Lorenzo-Martín F, Roth F, 2006. PSGRN/PSCMP—a new code for calculating co- and post-seismic deformation, geoid and gravity changes based on the viscoelastic-gravitational dislocation theory. Computers and Geosciences, 32 (4): 527 – 541.

Ward S N, 1998. On the consistency of earthquake moment release and space geodetic strain rates: Europe. Geophysical Journal International, 134 (1): 172 – 186.

Wolf J P, Song C M, 1996. Finite-Element Modelling of Unbounded Media. Wiley Chichester.

Working Group on California Earthquake Probabilities, 1995. Seismic hazards in Southern California: Probable earthquakes, 1994 to 2024. Bulletin of the Seismological Society of America, 85 (2): 379 – 439.

Wu Z L, 2022: Evaluation of numerical earthquake forecasting models. Earthquake Science, 35 (4): 293 – 296.

Wu Z L, Li L, 2021a. China Seismic Experimental Site (CSES): A System Science Perspective. Journal of the Geological Society of India, 97: 1551 – 1555.

Wu Z L, Li L, 2021b. China Seismic Experimental Site (CSES): A systems engineering perspective. Earthquake

Science, 34 (3): 192 - 198.

Wu Z L, Zhang Y, Li J W, 2019. Coordinated distributed experiments (CDEs) applied to earthquake forecast test sites. (Eds.), Li Y-G. Earthquake and Disaster Risk: Decade Retrospective of the Wenchuan Earthquake. Singapore: Higher Education Press and Springer Nature Singapore Pte Ltd.

Xing H L, Makinouchi A, 2002a. FE modeling of thermo-elasto-plastic finite deformation and its application in sheet warm forming. Engineering Computations: Int J for Computer-Aided Engineering, 19 (4): 392 - 410.

Xing H L, Makinouchi A, 2002b. Finite-element modeling of multibody contact and its application to active faults. Concurrency and Computation: Practice and Experience, 14 (6 - 7): 431 - 450.

Xing H L, Makinouchi A, 2002c. Finite Element Analysis of a Sandwich Friction Experiment Model of Rocks. Pure and Applied Geophysics, 159 (9): 1985 - 2009.

Xing H L, Makinouchi A, 2002d. Three dimensional finite element modeling of thermomechanical frictional contact between finite deformation bodies using R - minimum strategy. Computer Methods in Applied Mechanics & Engineering, 191 (37/38): 4193 - 4214.

Xing H L, Makinouchi A, 2003. Finite element modelling of frictional instability between deformaFinite element modeling of nonlinear frictional instability between deformable bodiesble rocks. International Journal for Numerical and Analytical Methods in Geomechanics, 27 (12): 1005 - 1025.

Xing H L, Makinouchi A, Mora P, 2007. Finite element modeling of interacting fault systems. Physics of the Earth and Planetary Interiors, 163 (1 - 4): 106 - 121.

Xing H L, Mora P, 2006a. Construction of an Intraplate Fault System Model of South Australia, and Simulation Tool for the iSERVO Institute Seed Project. Pure and Applied Geophysics, 163: 2297 - 2316.

Xing H L, Mora P, Makinouchi A, 2004. Finite Element Analysis of Fault Bend Influence on Stick-Slip Instability along an Intra-Plate Fault. Pure and Applied Geophysics, 161: 2091 - 2102.

Xing H L, Mora P, Makinouchi A, 2006b. A unified friction description and its application to the simulation of frictional instability using the finite element method. Philosophical Magazine, 86 (21 - 22): 3453 - 3475.

Xing H L, Xu X W, 2011. $M8.0$ Wenchuan Earthquake. Berlin, Heidelberg: Springer.

Xu X W, Deng Q D, 1996. Nonlinear characteristics of paleoseismicity in China. Journal of Geophysical Research: Solid Earth, 101 (B3): 6209 - 6231.

Yeo I, Brown M, Ge S, Lee K, 2020. Causal mechanism of injection-induced earthquakes through the $M_W5.5$ Pohang earthquake case study. Nature communications, 11: 2614.

Yuan J, Wang J, Zhu S, 2020. Effects of Barriers on Fault Rupture Process and Strong Ground Motion Based on Various Friction Laws. Applied Sciences, 10 (5): 1687.

Zhang H M, Chen X F, 2006a. Dynamic rupture on a planar fault in three-dimensional half space - Ⅰ. Theory. Geophysical Journal International, 164 (3): 633 - 652.

Zhang H M, Chen X F, 2006b. Dynamic rupture on a planar fault in three-dimensional half-space - Ⅱ. Validations and numerical experiments. Geophysical Journal International, 167 (2): 917 - 932.

Zhao B, Bürgmann R, Wang D, Zhang J, Yu J, Li Q, 2022a. Aseismic slip and recent ruptures of persistent asperities along the Alaska-Aleutian subduction zone. Nature communications, 13: 3098.

Zhao W T, Luo, G, Jin X B, Sun Y Q, 2022b. The evaluation of synthetic seismic catalog and its application in northeastern Tibetan Plateau. Chinese Journal of Geophysics, 65 (1): 67 - 78.

Zhong Z H, 1993. Finite Element Procedures for Contact-Impact Problems. Oxford: Oxford University Press.

Zhou S Y, Johnston S, Robinson R, Vere-Jones D, 2006. Tests of the precursory accelerating moment release model using a synthetic seismicity model for Wellington, New Zealand. Journal of Geophysical Research: Solid Earth,

111: B05308.

Zielke O, Arrowsmith J R, 2008. Depth variation of coseismic stress drop explains bimodal earthquake magnitude-frequency distribution. Geophysical Research Letters, 35, L24301.

Zielke O, Arrowsmith J R, Ludwig L G, Akçiz S, 2010. Slip in the 1857 and earlier large earthquakes along the Carrizo Plain, San Andreas fault. Science, 327 (5969): 1119 - 1122.

责任编辑：王　伟
封面设计：连小力

地震数值预测
总体设计导论

ISBN 978-7-5028-5540-6
9 787502 855406 >
定价：80.00 元